HOME INTERIORS DESIGN
家居室内设计

陈明 编

辽宁科学技术出版社
沈阳

目录
CONTENTS

CHINESE STYLE 中式

MASHUP 混搭

设计单位:飞形设计　　设计:耿治国

Modern Nomad

现代游牧族

面积:122m²　主要材料:茅草、砖墙、实木地板、镜面　工程造价:18万元　坐落地点:宁波

Modern Nomad从仿真新游牧民族的特质作为起点，诠释当代国际旅人不断迁徙的生活行迹。如同游牧民族为了更美好的生活向往而不断移居、征服陌生疆域的冒险精神。选用茅草、砖墙、淡灰色调等质朴元素，经营纯粹氛围。内部混搭样式多元的现代家具、具有镜射效果的构件，透过多层次的灯光渲染深刻质材纹理对比。

左1:大面积落地窗令空间更加明亮
右1:选用砖墙、淡灰色调等质朴元素，经营纯粹氛围
右2:客厅混搭样式多元的现代家具

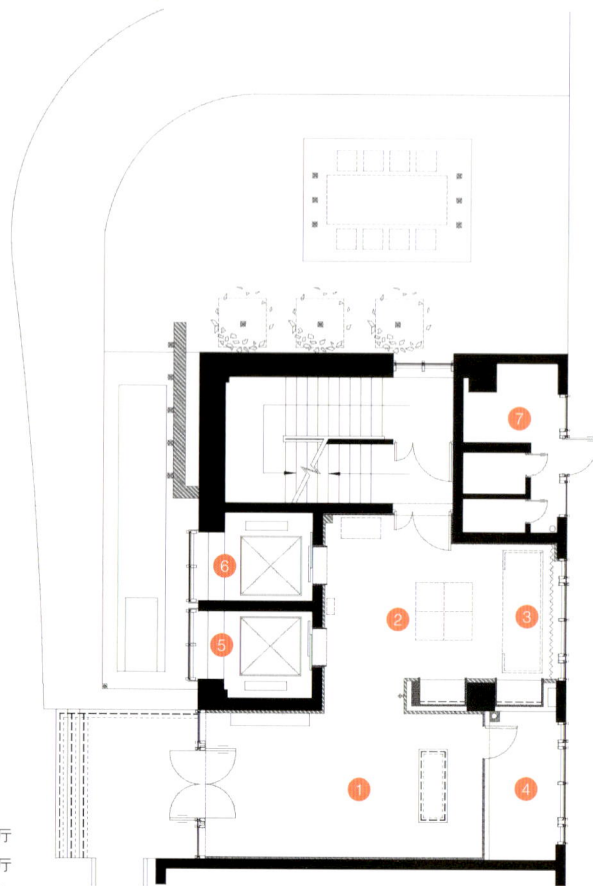

1:客厅
2:餐厅
3:厨房
4:书房
5:卧室
6:客卧
7:卫生间

左1:一个简单的小餐吧也能满足基本需求
左2:大开敞的空间依然秩序井然
右1:成熟稳重的卧室
右2、右3:不同材质的卫生间

设计单位:丛林设计工作室　设计:丛林

Fate in May

缘分五月

面积:128m²　主要材料:玻璃、地砖、地板、绒料　工程造价:18万元　坐落地点:南京

面对户型不大的居室,设计师需要做的就是如何充分利用有限的空间创造出无限的人居环境。

卧室采用了玻璃门,让私密的空间不再神秘,显示主人自由不受拘束的心态,同时增加了视觉上和心理上的空间感。餐厅和客厅共存于一个空间,墙壁、沙发、餐椅、地板色调一致,饱含浓情暖意。厨房因地制宜,放弃传统的统一空间,开辟一个狭道为洗手池,"惜地如金"在此表露无遗。

左1:发挥小小的创意,便可成就一个简单的书架
右1:温馨柔美的客厅

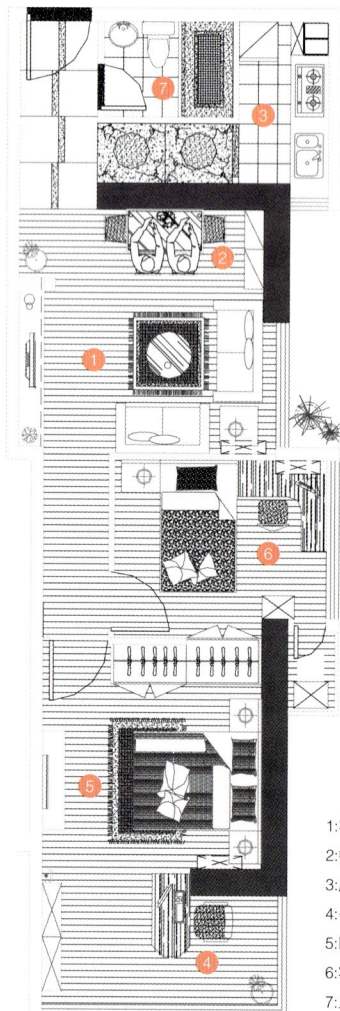

1:客厅
2:餐厅
3:厨房
4:书房
5:卧室
6:客卧
7:卫生间

左1:餐桌摆在客厅旁边，节省了另外开辟餐厅的空间

左2:充分利用狭长的过道做成盥洗台

左3:纯粹浅色的儿童房

右1:清新简洁的卧室

右2:极具女性柔美气息的浴室

设计单位:新思维&董龙工作室　设计:颜旭

Silver makeup

银妆

面积:90m²　主要材料:抛金砖、珠帘、镜面、壁纸、线帘、地砖　工程造价:10万元　坐落地点:常熟

这是一个低调奢华的空间，经典的黑与白只是装饰的基调，银色才是这个舞台的主角。

镂空花板藏入吊顶中，缀以水晶球的吊灯，仿佛冬季里轻舞飞扬的雪花，灯光洒下来，空间里飘洒着银装素裹的精致。同样花型的框架造型，并将点光源暗藏其中，为空间注入了几何层次的美感，透着几许古朴典雅的味道。洗手池的抛金砖完全是为了承托门厅十二星座的拼图，炫美的花纹与金属质感的珠帘在光影下是对神奇的组合，绚丽而华贵，浪漫至极。简雅大气的卧室，黑色的镜面玻璃衣柜，银色的墙面壁纸与纯白的床品，清新典雅，舒畅柔和。凹凸的吊顶间，垂下丝丝线帘，浪漫而唯美。黑色的端庄神秘，白色的唯美纯真，银色的梦幻精致，打造出王子与公主童话般的梦幻城堡。

左1:精致的细节点缀令人印象深刻
右1:水晶球吊灯坠于客厅，为空间注入灵动美感

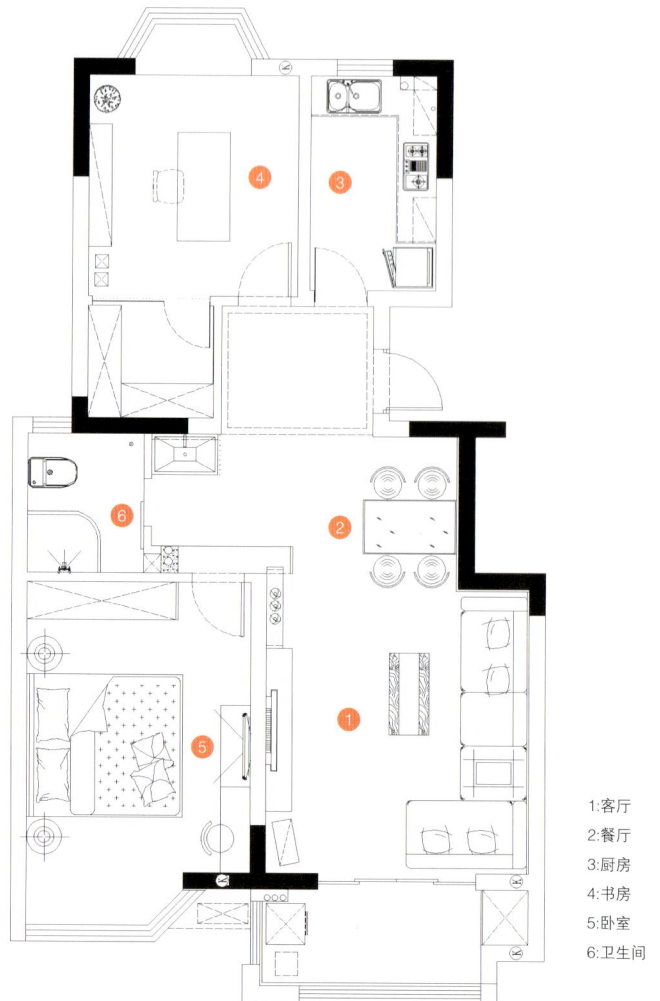

1:客厅
2:餐厅
3:厨房
4:书房
5:卧室
6:卫生间

左1:黑色的餐椅、黑白相间的餐桌，置于黑色墙面附近，神秘端庄

左2:厨房全景

右1:银色的墙面壁纸与纯白的床品，清新典雅

右2:炫美的花纹与金属质感的珠帘在光影下是对神奇的组合

设计单位:福州大千环艺设计工程公司　设计:陈孝生

Hairun Riverside

海润滨江

面积:160m² 　主要材料:彩色玻璃、圣象墙纸、橡木溯色、LD墙地砖、西皮　工程造价:24万元　坐落地点:福州

这是一套高层公寓中的复式居室,有着狭长而高耸的两层通高客厅。厨房、餐厅及楼梯交叉重叠占据了空间的一隅,空间特殊极具挑战性。设计灵感来自于折纸,多重折叠的木栅栏隔断就如拉开的风琴折褶一直延伸至二层楼梯天花及二层卧区走道天花,形成了本居室空间独特的观感。

黑、灰无色系列是本案的主调,并以块、面、线穿插于每个角落,充分体现出现代都市人生活的冷静,而经过漂白处理的橡木造型因其特殊的色相在黑、白、灰背景的衬托下更彰显出一种人性的温情与优雅。

左1:几何感十足的空间
右1:大气稳重的客厅

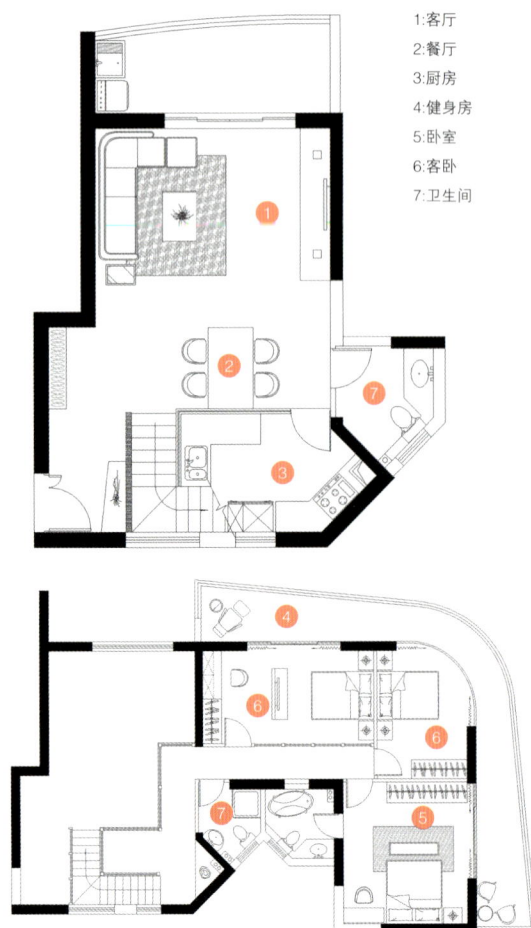

1:客厅
2:餐厅
3:厨房
4:健身房
5:卧室
6:客卧
7:卫生间

左1:客厅全景
右1:极致简洁的卧室
右2:灯光下的盥洗台

设计单位:戴勇设计师事务所　设计:戴勇

The Line

线

面积:55m²　主要材料:直纹白大理石、线条墙纸、镜面　工程造价:8万元　坐落地点:深圳

整个空间呈条状,客厅最为明显,条的体块,条的面块,再至条的线,流线穿梭出建筑的韵律。所有的元素都在围绕"线"而扩展,横的线追求纵深的视觉效果;竖的线,终止横的闷;曲的线,作为活跃的分子而出现。

线性的元素在这个小户型里纵横驰骋,划出自由的装饰语言。张扬的个性在这里表露得淋漓尽致,视觉的冲击和细致的设计让人印象深刻。而线性的视觉张力会使空间有一个强大延伸感,加之配合镜面的运用,使得小户型的窄面伸展开来,同一色调上的整体感让居室充满温馨,单纯而统一。纵横的空间跨越,极具大胆的手法,户型优化而增添出来的阁楼,更是该案例的一大亮点,空间的不规则性,给设计师传递空间改变的灵感,增加户型卖点的同时更赋予空间极具冲击力的个性。

左1:简单的线条这一几何语言在此被积极地组织起来
右1:所有的元素都在围绕"线"而扩展

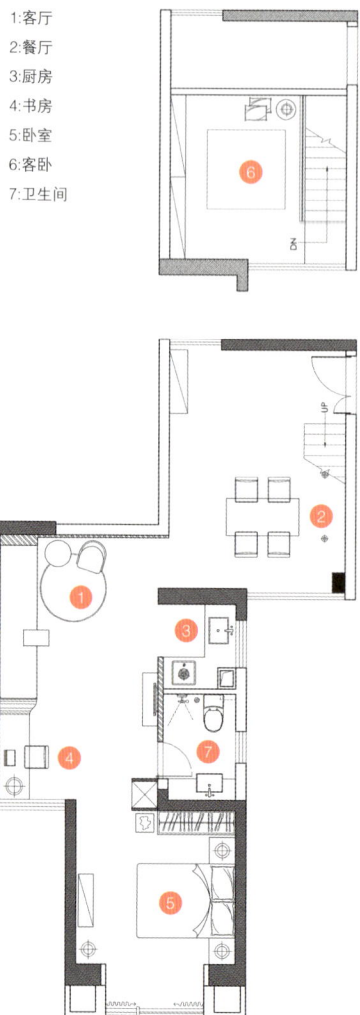

1:客厅
2:餐厅
3:厨房
4:书房
5:卧室
6:客卧
7:卫生间

左1:俯视餐厅

右1:连厨房的墙面都紧紧围绕"线"这一元素展开

右2:横的线追求纵深的视觉效果,呈现自由舒展的形态

右3:卧室一角

右4:镜面的运用,使得小户型的窄面伸展开来

设计单位:新思维 · 董龙工作室　设计:董龙

Yu Shui Wan

御水湾

面积:177 m²　主要材料:艺术涂料、玻璃、乳胶漆、地面砖、实木地板　工程造价:20万元　坐落地点:南京

这套住宅设计主色调为白色,大面积的墙体以相近的浅色出现,围而不合,既界定了不同的功能区域,又使不同空间之间互相联系、渗透,充满现代和纯粹的感觉。如何在纯白的立面上丰富空间内容是本案最大的亮点:若隐若现的树枝印在白色的墙面上,极具装饰效果;餐厅墙面画上一些圈圈,空间顿时活泼起来。设计如同生活,只需要一点小小的灵感,就能产生大大的惊喜。

左1:客厅小品,尽显品质生活
右1:浅色的跃层空间开阔明朗

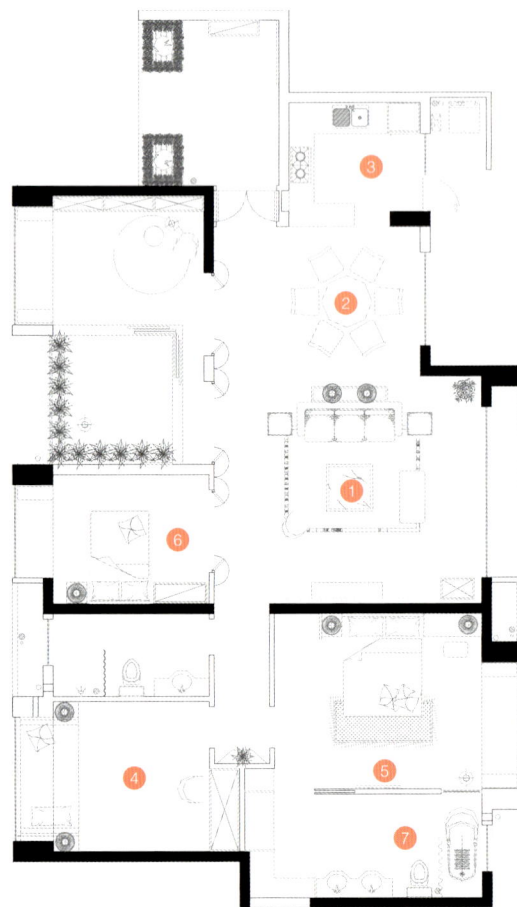

1:客厅
2:餐厅
3:厨房
4:书房
5:卧室
6:客卧
7:卫生间

左1:就近厨房放上餐桌餐椅,一个简单的餐厅便出现了

左2:动线流畅的书房

右1:竖条纹的背景从视觉上提升空间层高

右2:卫生间一隅

设计单位:飞形设计　设计:耿治国

Modern Bali

现代巴厘岛

面积:122m²　主要材料:原木、石材、皮革　工程造价:18万元　　坐落地点:宁波

本案试图在繁华都会中提出一份悠缓闲适的生活方案。设计师力求将自然绿意引入室内,大量选用原木、石材、皮革等元素,将南岛轻风般的爽人气息形诸空间。尺度刻意放宽的浴室,拥有大片落地窗与木百叶帘幕,让人能在顾全隐私的微妙角度里饱览城市景色,供给驰放身心的沐浴乐趣。全室细部点缀异国情调的家饰与原木家具,揣摩villa般的度假风貌,揭示本案为隐身都会乌托邦的精神意涵。

左1:照明的配合总会在一定程度上吸引眼球
右1:悠缓闲适的客厅
右2:休息区使用了大量的原木,自然风被引入

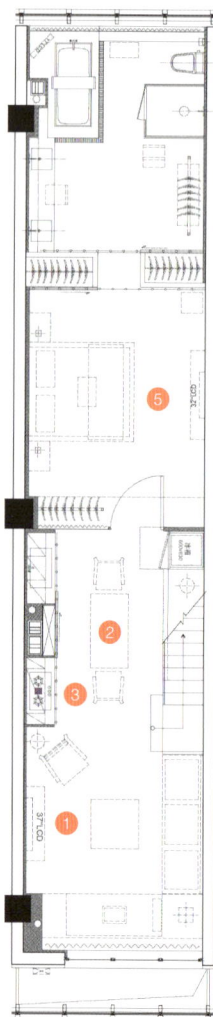

1:客厅
2:餐厅
3:厨房
4:书房
5:卧室

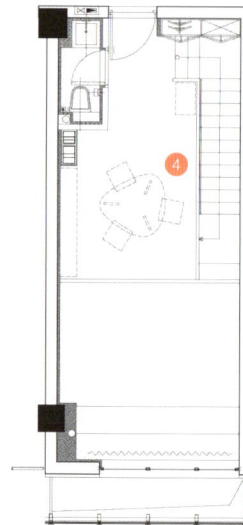

左1:开敞通透的空间

左2:原木家具,揣摩villa般的度假风貌

右1:清爽惬意的卧室

右2:尺度刻意放宽的浴室,拥有大片落地窗与木百叶帘幕,让人能在顾全隐私的微妙角度里饱览城市景色

设计:吴政道

Yuan Yi Bai Zhuang

元一柏庄

面积:105m²   主要材料:烤漆玻璃、自然风壁纸、草皮、橡木地板、马赛克   工程造价:15万元   坐落地点:合肥

在建筑体构成既定的室内空间格局下,规划空间上并无敌改任何墙面,只在家具的配置上让空间动线更流畅。空间设计构思上,希望给人明亮、轻快、活力的感受。

客厅与餐厅处于同一长型空间内的左右两侧,天花板设计了连贯两空间的灯沟,客厅主墙采用色彩抢眼的芥末绿烤漆玻璃,墙体延伸连贯餐厅墙面,视觉上让两空间有延伸扩张的效果,也达到同一空间却不同属性机能的整合。餐厅加入了大自然草皮的元素,增添此空间的丰富性及亲近大自然的感受。书房具备基本阅读空间机能,设计上采用色调明快的青苹果绿搭配使用具自然风的藤草压制成的壁纸,架构此空间轻松阅读、愉快沟通的调性。主卧室希望呈现加拿大枫叶给人的有氧气息,色调采用枫叶红温暖色系。卧室一角则选用一款具英式贵族的精致线条,但以现代化的有机玻璃雕制而成的台灯,形构出温馨、雅致、浪漫的氛围。

左1:书籍展示架
右1:暖意十足的客厅

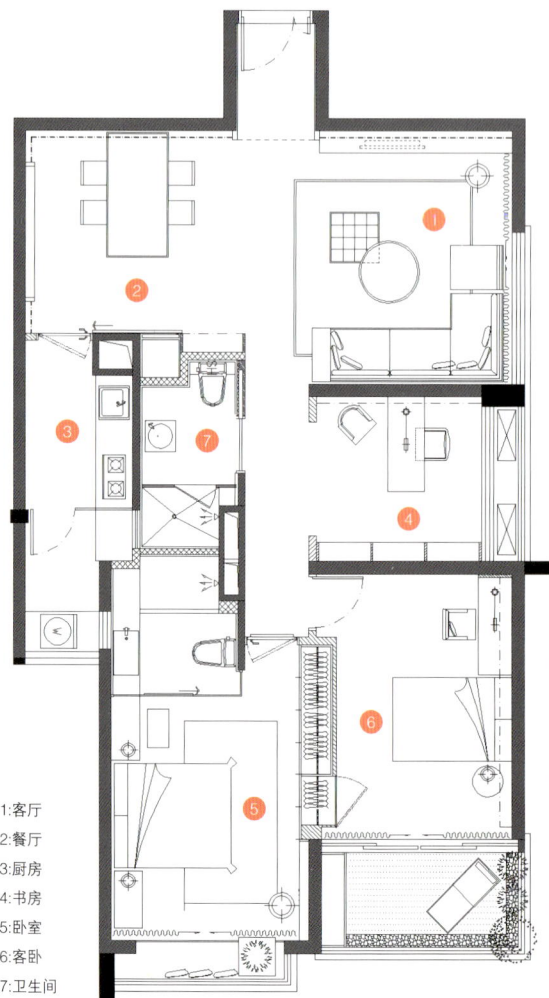

1:客厅
2:餐厅
3:厨房
4:书房
5:卧室
6:客卧
7:卫生间

左1:墙体延伸连贯餐厅墙面,延伸空间

左2:色调明快的青苹果绿搭配自然风的藤草壁纸,架
构此空间轻松阅读、愉快沟通的调性

右1:苹果绿的设计同样延伸到卧室

右2、右3:卫生间雅致浪漫

设计单位:飞形设计　设计:耿治国

Modern Nature

现代自然

面积:129m²　主要材料:柚木洗白、大理石、磨砂玻璃、镜面、乳胶漆　工程造价:19万元　坐落地点:宁波

空间藉由柚木洗白与柠檬黄色调铺陈清新自然的气息。舍弃繁复的装饰语汇,全室回归纯净素朴的质感,开放式餐厨与线条简练的家具造型,带出回归悠缓步调的诉求。调性淡雅幽静的内在空间与窗外繁华景色恰成对比,让居所成为返归自然的心灵场域。

左1:客厅、餐厅、厨房均为开放式
右1:拐角处设计了一个休息区
右2:客厅家具造型线条简练

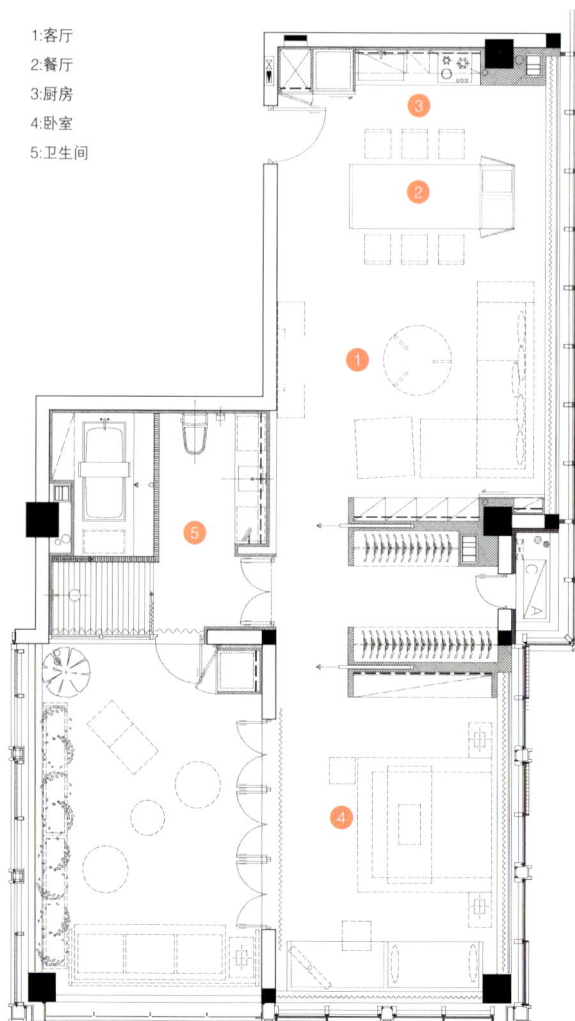

1:客厅
2:餐厅
3:厨房
4:卧室
5:卫生间

左1:天台尽览城市夜景
左2:开放式餐厨带出回归悠缓步调的诉求
左3:书桌设计成操作台的样子，还可以放置物品
右1:卧房利用一面墙做成陈列架，既美观又实用
右2:浴室设计也是别具匠心

设计单位:南京名谷建筑景观设计有限公司　设计:潘冉

Qian Cao Ming Yuan

浅草明苑

面积:113m²　主要材料:白影木，天然石材，墙纸　工程造价:30万元　坐落地点:南京

设计者意将简单而有品质的生活状态展现给购房者，通过天然石材和木材的巧妙搭配勾勒细节，注重建筑体量关系之间的穿插与组合。灯光设计围绕空间的转折变化作出回应，力求营造出一种浪漫温馨的居家氛围，不经意间透出一丝小资情调。

左1:依托一面墙形成的简易书房简洁、流畅
右1:浅色的家具从视觉上削弱了面积小引发的局促感

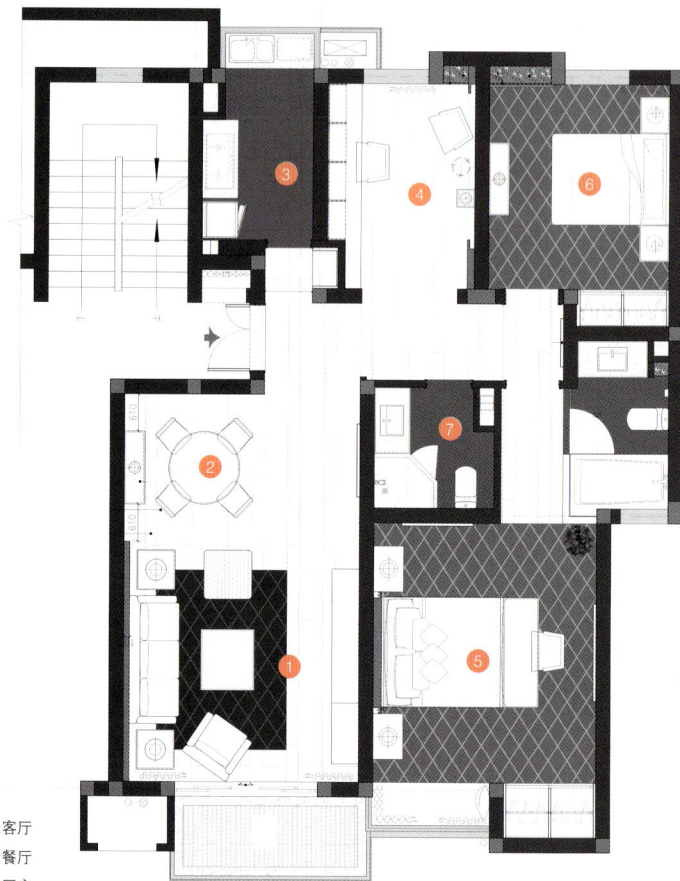

1:客厅
2:餐厅
3:厨房
4:书房
5:卧室
6:客卧
7:卫生间

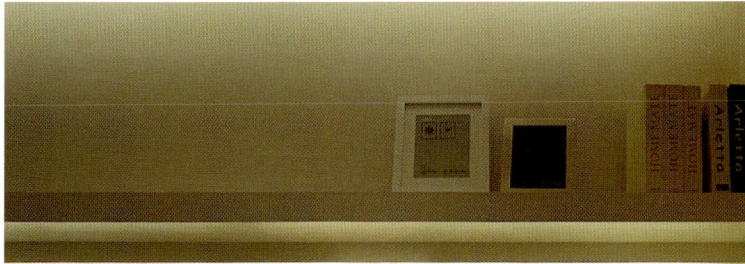

左1:餐厅的一面墙用镜面拼贴，空间元素顿时丰富了

右1:书房一隅

右2:玩味黑白的极致对比

右3:浴缸一侧穿插玻璃做屏障，既保持了空间通透，又避免了水渍溅到地面

设计单位:上海百安居装饰公司　设计:孙海龙

Black and White Impression

黑白印象

面积:96m²　主要材料:黑色烤漆玻璃、墙纸、银镜、黑色锈板石砖、镜面　工程造价:14万元　坐落地点:南京

本案期望打造时尚的居所,以时尚界人士居住为主题。黑色、白色一直是时尚界流行的主流色系,所以设计采用了黑色烤漆玻璃,白色作为一种色彩上的延伸。主卧室浅米黄色的墙纸作为调和色,增加居所的暖色系。餐厅白色柜门加上反光银镜,银色垂挂珠帘巧妙分割了餐厅和客厅的分界。运用简约的手法设计,以追求近年来时装界流行的简单自然概念,创造时尚生活。从餐厅到客厅,采用灯管和黑色镜面墙装饰,同时减少E&M设备,让整个空间显得简约而端庄。与此同时,卫生间采用大面积的黑色锈板石砖,突出其个性的张扬。无限的白色作为主要的设计主题传递着独特的个性。

左1:挂上一些家人的形象照,化解了墙面的单调
右1:银色垂挂珠帘巧妙分割了餐厅和客厅的分界

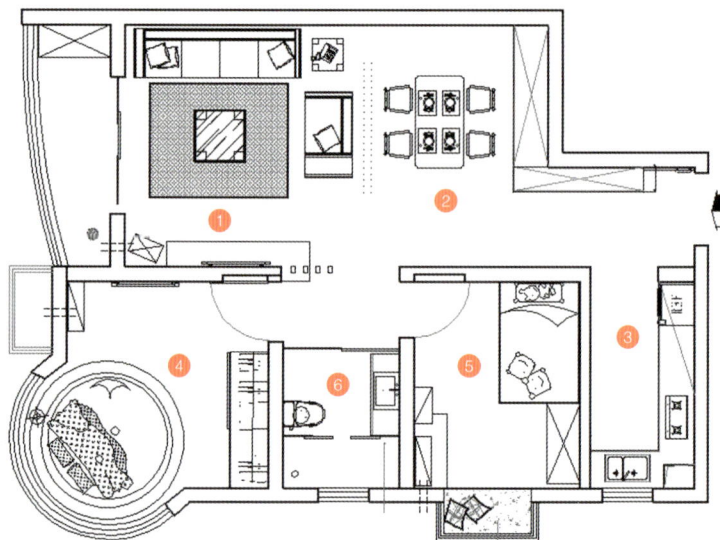

1:客厅
2:餐厅
3:厨房
4:卧室
5:客卧
6:卫生间

044

左1:餐厅虽然配饰不多，但恰到好处
右1:简单的厨房
右2:卫生间采用大面积的黑色锈板石砖，突出其个性的张扬
右3:主卧室浅米黄色的墙纸作为调和色，增加居所的暖色系

设计单位:飞形设计   设计:耿治国

Modern Deco

现代装饰

面积:227m²   主要材料:镜面、不锈钢、米黄大理石、马赛克   工程造价:30万元   坐落地点:宁波

Modern Deco属于平面方整的双楼层户型,空间拟仿Art Deco时期华丽优雅的装饰手法,以深色镜面质材延伸景深,运用深木与暖白色调、现代与古典家具,织构出强烈的视觉对比。餐厨楼层选用长桌延伸至户外的露台区,透过室内外镜像般的布局模式,突显Modern Deco注重休闲与美学的生活风格。

左1:从厨房看客厅
右1:深色镜面质材延伸景深
右2:深木与暖白色调、现代与古典家具,织构出强烈的视觉对比

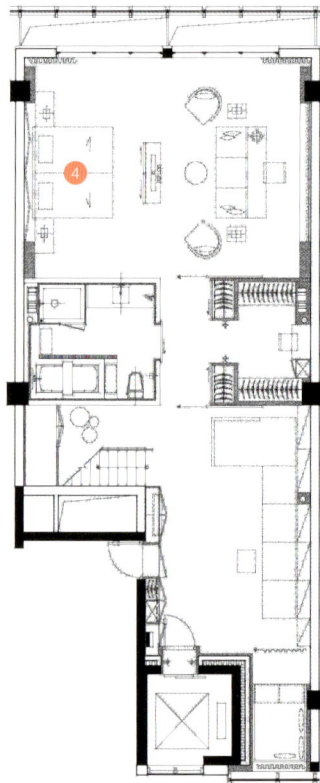

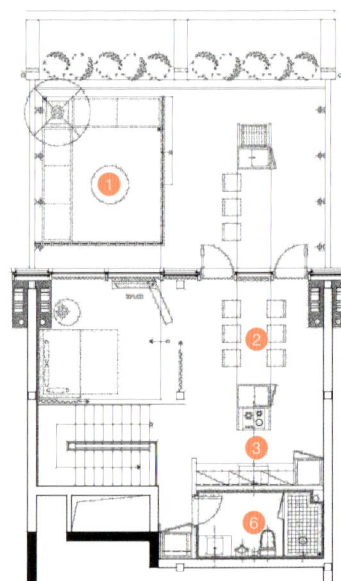

1:客厅
2:餐厅
3:厨房
4:卧室
5:客卧
6:卫生间

左1:开放式厨房现代时尚

右1:卧室另设一个小型休闲区，别具一格

右2:半开半隔的浴室设计手法简练

设计单位:嘉兴越界空间设计机构   设计:应益能

Australian Garden

澳洲花园

面积:148m²   主要材料:钢化玻璃、白色抛光砖、白色人造石、白蜡木洗白地板、印度黑大理石火烧板、仿古砖   工程造价:22万元   坐落地点:嘉兴

本案以纯白色作为整个设计的主基调,通过半隐的墙面来收放空间之间的延续性。整个设计着重于生活作息相关的"光线"与"方位"上的调度,光线流动于南面的孩卧与书房,反映着设计者对光线的高度需求,再通过半开放的玻璃墙体逐步蔓延至整个空间。相形之下,位在北方拥有韵质光线的起居间,以白色基调搭配灰色系,配上极简的家具,而电视墙后的休闲区又将客厅与厨房空间相关联,这样利落的空间构图再次让光线成为空间的主角,随着光线的流动,隐约反射的倒影,空间氛围随着光线的明度变化而呈现多样的风采,且相同的手法同样运用于相对私密的主人房,利用书房与卧房的共有墙体界定出衣柜。空间的呈现更像一种致意纯粹的生活态度,而生活态度决定生活方式。

左1:纯白色为整个设计的主基调
右1:空间与空间之间不再是独立的个体

1:客厅
2:餐厅
3:厨房
4:书房
5:卧室
6:客卧
7:卫生间

左1:通过地坪的落差来收放空间之间的延续性

右1:简单但不失品位的书房

右2:空间的呈现更像一种致意纯粹的生活态度

右3:保留原有的衣帽间的同时将其与主卫生间用玻璃做间隔，将光线流露到每个角落

设计单位:登胜空间室内设计工作室　设计:陶胜

Deep Blue

深蓝

面积:78m² 　主要材料:玻璃、乳胶漆、地砖、不锈钢　工程造价:11万元　　坐落地点:南京

本案是一套顶层带阁楼的小户型，业主为一对年轻小夫妻，他们的要求很简单，就是简约、个性，以满足他们忙碌的工作需求。小户型的难点多在空间安排上，本案也不例外，设计师大胆改变卫生间门的朝向，解决楼梯与客厅的冲突，并将厨房和餐厅整合在一起设计，使功能与美观达到完美统一。阁楼扶手和地面全部采用玻璃材质，整个空间再配以深蓝的色调和精心选配的饰品，一个时尚、个性并带有自然气息的居所便呈现在我们面前。

左1:点点烛光充满浪漫情怀
右1:简约的开敞式空间

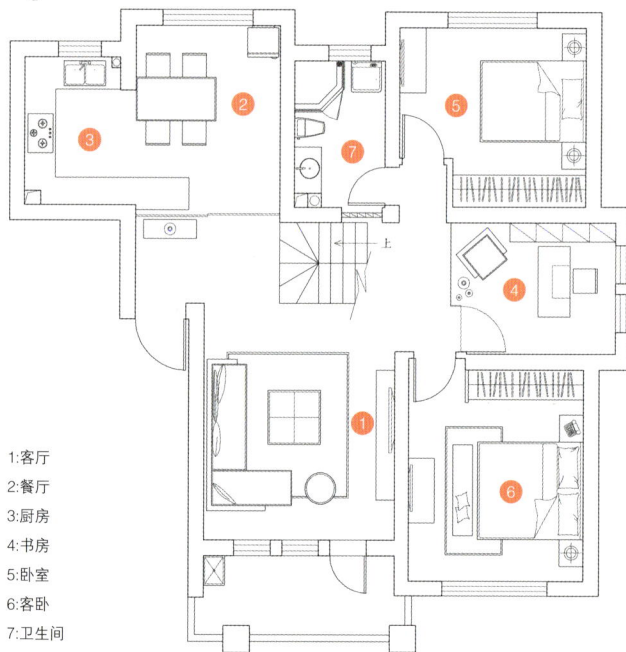

1:客厅
2:餐厅
3:厨房
4:书房
5:卧室
6:客卧
7:卫生间

左1:厨房全景
左2:利用一个不规则小角落设计成一个书房
右1:阳光充足的卧室
右2:干湿区分明的卫生间

设计单位:丛林设计工作室　设计:丛林

Yi Lian You Meng

一帘幽梦

面积:134m²　主要材料:玻璃、木板、地砖、绒料　工程造价:16万元　坐落地点:南京

此户型虽然面积不大,但设计师仍旧利用自己独特的设计理念将各个功能空间赋予不同的基调。卧房利用珠帘做背景墙,加上灯光的投射,让人不由联想起琼瑶笔下的一帘幽梦。餐厅和客厅之间加了一块黄色透明玻璃,隔断的作用明显削弱,色彩对空间的渲染才是设计师想要达到的效果。

左1:书房一角
右1:绒料沙发和地毯让客厅尽显温馨

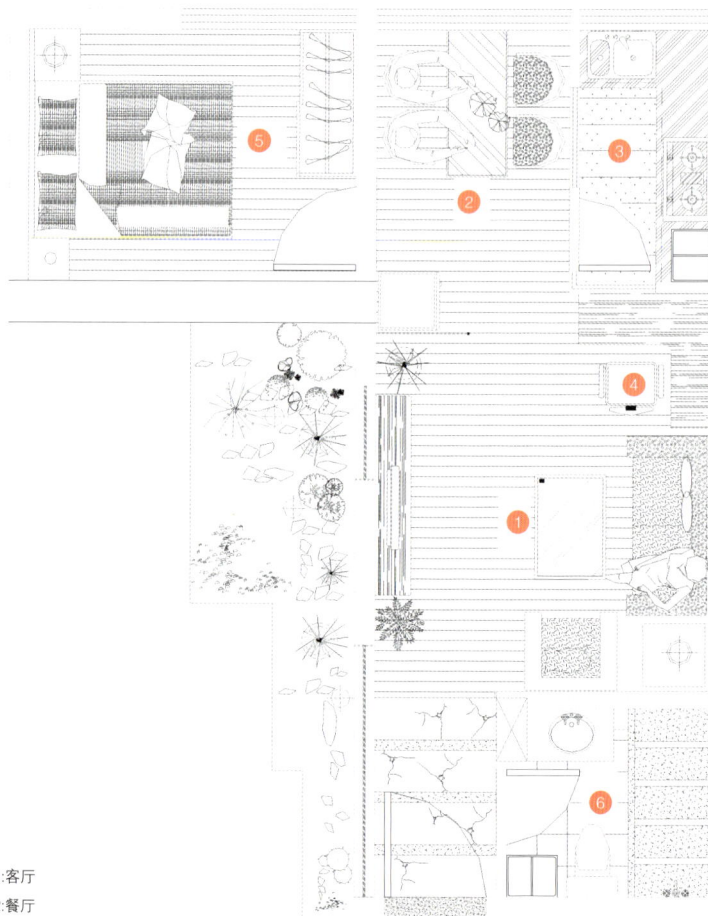

1:客厅
2:餐厅
3:厨房
4:书房
5:卧室
6:卫生间

左1:餐厅和厨房之间用玻璃门阻隔，确保了空间的通透

右1:珠帘悬挂的床头背景，平添了卧室几分浪漫气息

右2:细微的配饰装点出精致的空间

设计单位:IADC涞澳设计公司　设计:张成喆

SOHO Group

SOHO一族

面积:90m²　主要材料:木地板、大理石、木饰面、玻璃　工程造价:13万元　坐落地点:上海

SOHO族的生活与工作空间。设计中更多的考虑了年轻族群的时尚、多变性、个性化的空间使用要求。

左1:沙发一角
右1:几何感十足的客厅

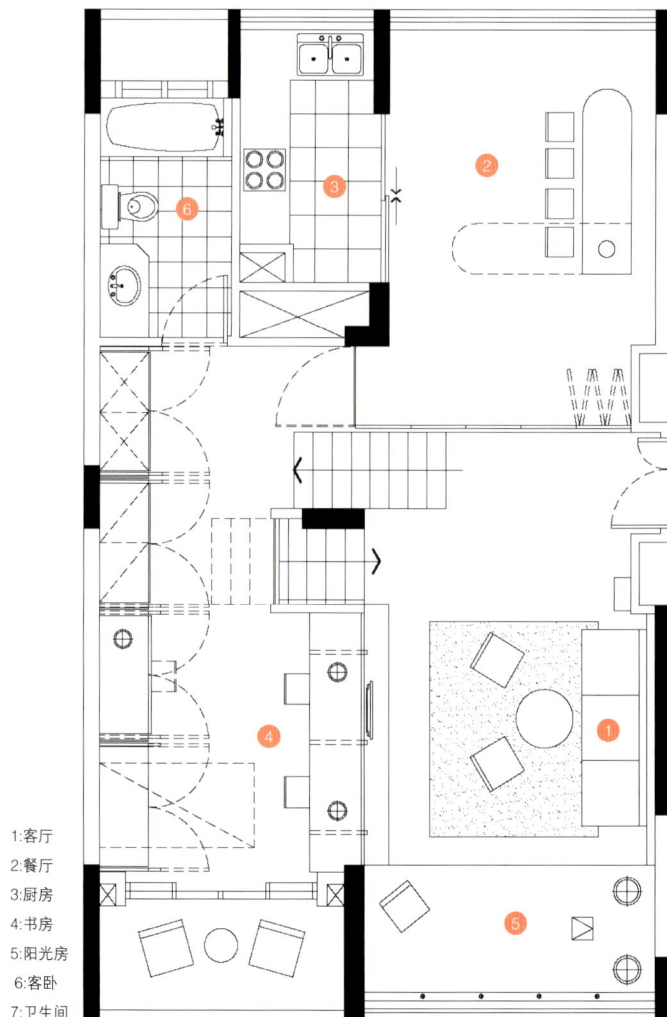

1:客厅
2:餐厅
3:厨房
4:书房
5:阳光房
6:客卧
7:卫生间

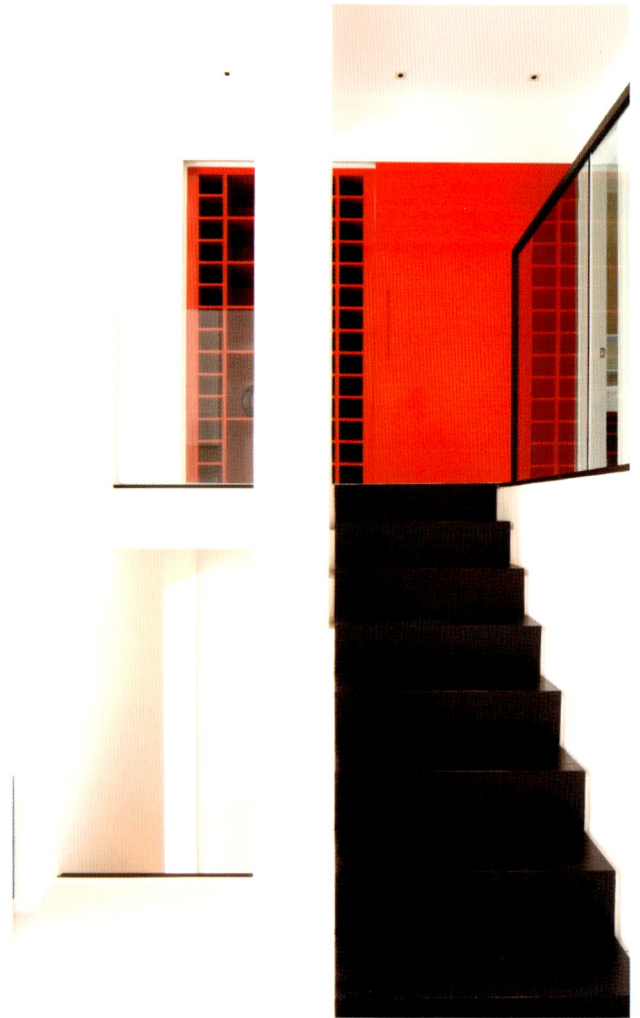

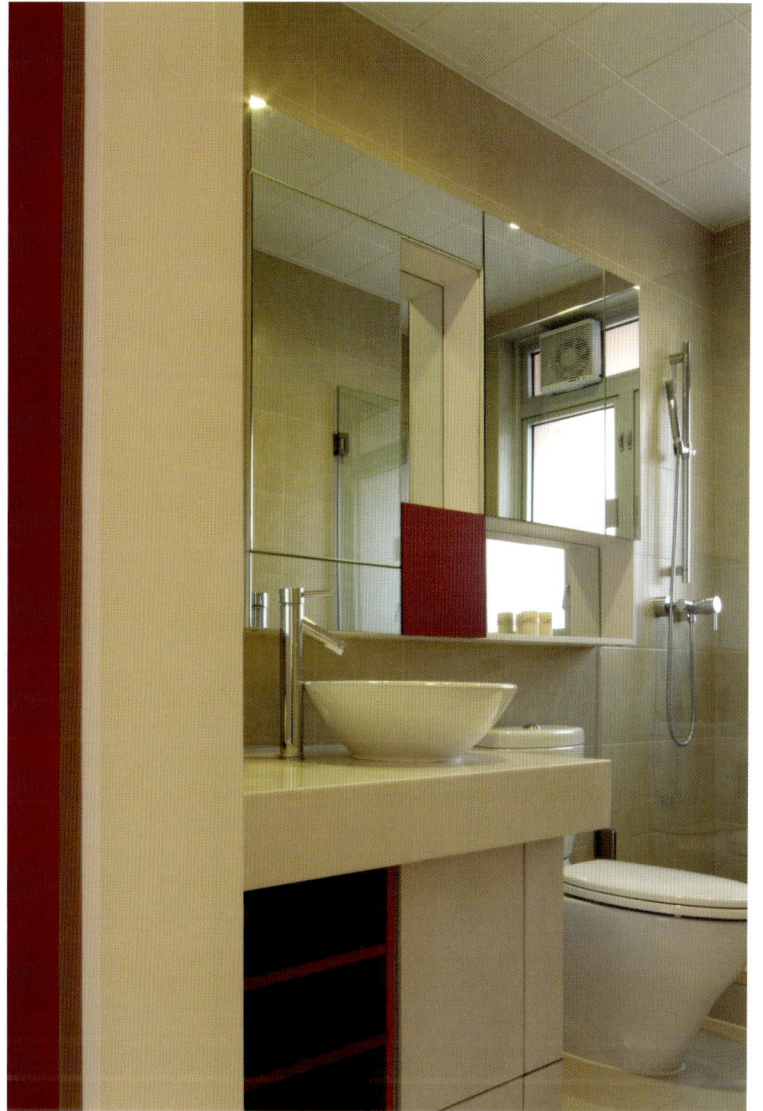

左1:造型别致的椅子夺人眼球
左2:楼梯一角
左3:玻璃栏杆令空间更加通透
右1:简洁温馨的卧室
右2:卫生间一角

设计单位:IADC涞澳设计公司　设计:张成喆

Ben An

本岸

面积:220m²　主要材料:原木、帆布、壁纸、特艺材质　工程造价:50万元　坐落地点:苏州

空间中，力图营造简洁、洗练的现代风格，灵感来自于大自然的色彩，白色的帆布卷帘可以自由移动，覆盖了整个天花和立面，以调整光线的强弱并使空间富于变化。内置灯光形成的光影，似片片浮云，与户外的自然景观融为一体。

左1:大气纯净的客厅
右1:纵横交错的柜子丰富了空间元素

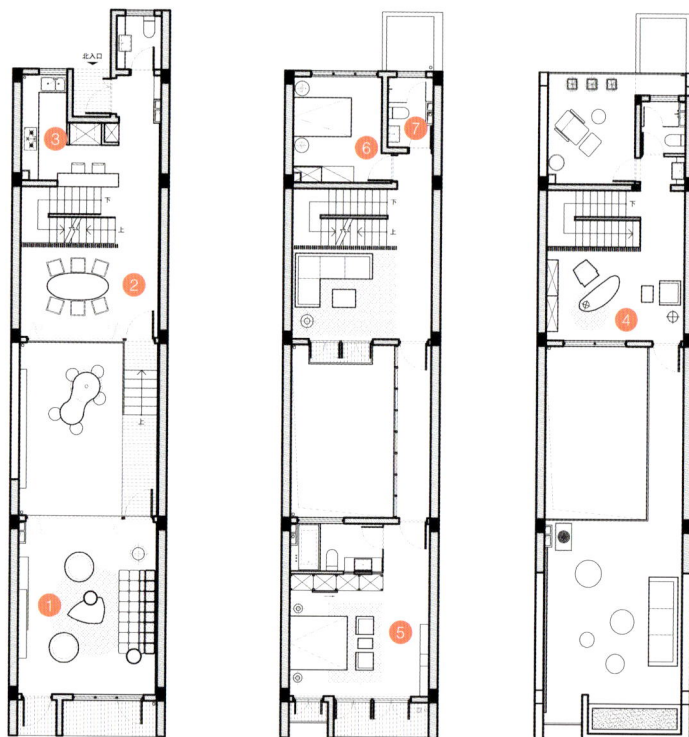

1:客厅
2:餐厅
3:厨房
4:书房
5:卧室
6:客卧
7:卫生间

设计单位:南京火龙空间设计工作室　设计:陈龙

Pure environmental space

纯净空间

面积:120m²　主要材料:玻璃、马赛克、石材地面、木地板　工程造价:12万元　坐落地点:南京

设计首先对结构做了较大的调整，厨房与工作室两个看似独立的区域，被装饰门套及玻璃花卉图案墙组合成整体，尤为突出的是卫生间面积的增大，满足业主功能区域的要求。充分利用有限的空间，设计师在这方面做足了文章。在原有黑白灰色彩面域基础上加入深咖啡色，使冷静的生活空间注入一股时尚气息，主卧背景颜色巧妙的运用，突出空间高度的连贯对话。普通的材质营造非凡的效果，彰显现代、温情的一面。

正"八"与倒"八"的灯具造型、椭圆与矩形蚀刻图案的镜面灯箱、黑白相间的方砖马赛克阵列线条，渲染了空间氛围的对话。就像一件件精致的艺术品让人细细欣赏品鉴。耐人寻味！无数个让人惊喜的细节，突出了整体设计的简洁与大气，体现设计的沉淀与构想。在优雅、惬意的环境中，人静、心静，此时的家显得更为安静。

左1:客厅一角
右1:从客厅看餐厅

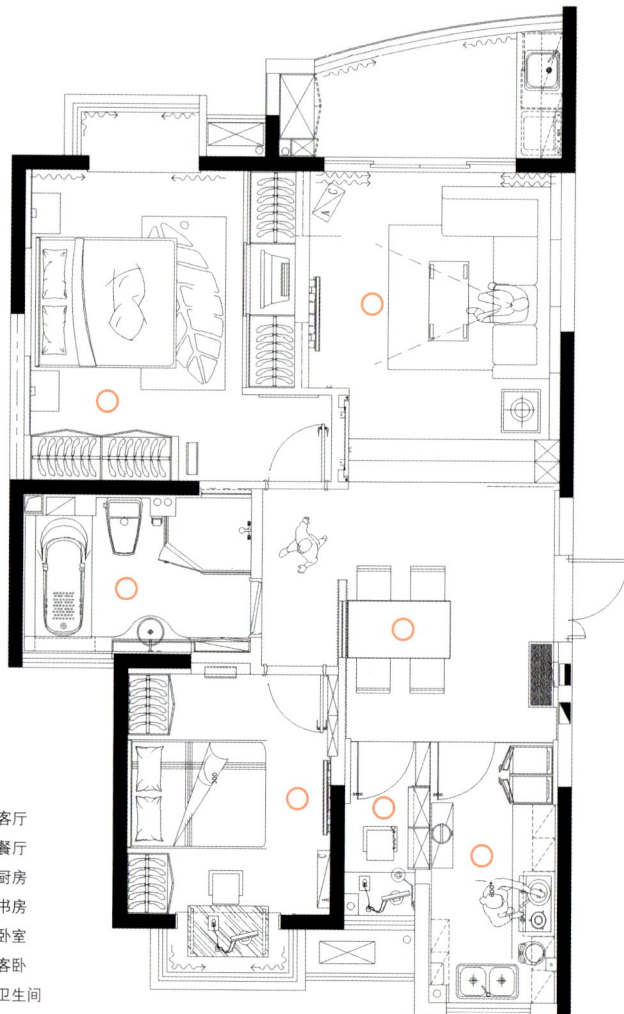

1:客厅
2:餐厅
3:厨房
4:书房
5:卧室
6:客卧
7:卫生间

左1:设计对玻璃和镜面的灵活运用,使采光效果和空间立体感得到延伸

左2:简洁明了的厨房

右1:优雅、惬意的卧室

右2:盥洗台设计简洁大气

设计单位:福州大千环艺设计工程公司　设计:陈孝生

Blue International Apartment

蔚蓝国际公寓

面积:180m²　主要材料:黑色实木地板、缅甸柚木、进口墙纸、磨砂烤漆玻璃　工程造价:27万元　坐落地点:福州

在这里，私密空间与开放空间是截然分开的。开放空间开敞通达，层次丰富灵动，充分体现现代都市人阳光、时尚的风格。私密空间追求简洁、静谧、低调奢华的生活境界。黑色地板、黑色玻璃、黑色皮革，设计师动用各类黑色材料来陪衬粗犷表皮的柚木家具及装饰，这种不落俗套的色彩搭配使本案居室呈现出一种含蓄而又有张力的空间美感。

左1:线条感丰富的背景墙

右1:映着日光，客厅显得娴静优雅

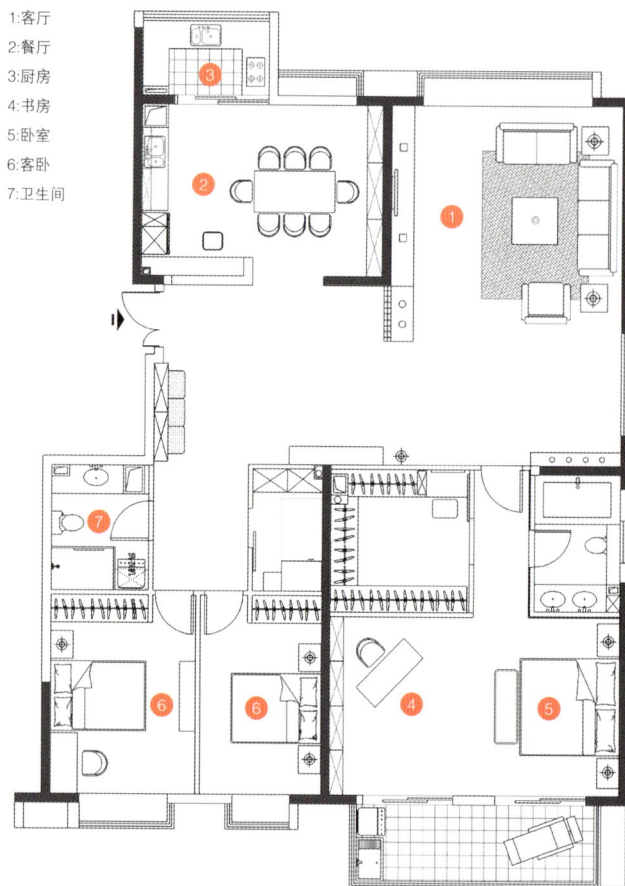

1:客厅
2:餐厅
3:厨房
4:书房
5:卧室
6:客卧
7:卫生间

左1:开敞式厨房
左2:餐桌一角
左3:书房古朴大方
右1:浴室加上一扇窗户既明亮又通风
右2:素雅低调的卧室

设计单位:品伊创意机构&美国IARI刘卫军设计师事务所　设计:刘卫军

O Town

澳城

面积:130m²　主要材料:爵士白、蓝钻大理石、露丝红大理石、墙纸、马赛克　工程造价:20万元　坐落地点:深圳

本案南临长长的海岸线，宽广、豪迈的气息让每个人的心灵与大海融为一体。在现代简约风风靡全国之时，现代、品质、大气的现代欧式又将成为年轻成功人士的追求，因此，纯净的现代欧式主打了本案。运用虚实结合的方法体现简洁、明快、大气、国际化的人居环境。优美的线条、精致的家私、纯粹的色彩……其间的典雅与奢华，相信是空间所欲达到的极致。空间中强调了气韵、质感及浪漫的柔性美，融合新古典与现代、新颖、高科技的技术手法，彰显其气势与唯美的氛围更是不在话下，在繁复中体会浪漫与幽雅亦缠绕在玲珑之美中……

左1:露天休息区
右1:精致的配饰装点客厅

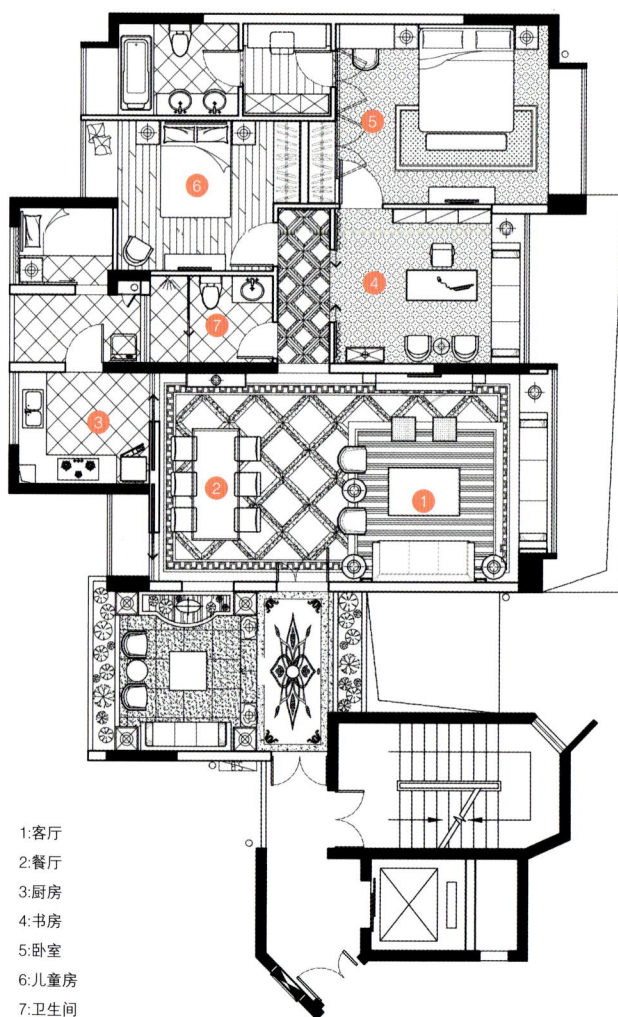

1:客厅
2:餐厅
3:厨房
4:书房
5:卧室
6:儿童房
7:卫生间

左1:纯白的空间插上几根红色的蜡烛分外显眼

右1:光线充足的厨房

右2:书房纯净优雅

左1、左2:明快大气的卧室
右1:浴室的镜子线条优美

设计单位:杭州典尚建筑装饰设计有限公司　设计:陈耀光

Zhu Jing Cha Yu

竹径茶语

面积:340m²　主要材料:仿古砖、原木　工程造价:80万元　坐落地点:杭州

本案以圆弧及拱型的形态表达对原始田园乡村建筑的元素撷取,用大面积的白色立面塑造空间的宁静和素雅,生活记录式的家庭照片不规则地悬挂正契合乡村田园生活的随意和趣味,自然材质手工打造的家具体验不同于欧式古典奢华的考究,却正是回归"都市村落"的景致。

起居室的顶面在原有的建筑结构上加以原木装饰,轻柔的纱帘营造着浪漫的气息。拾阶而上,穿过长长的走廊来到餐厅,弧形的门洞、铁艺的灯饰、质朴的餐具,配以原木的家具,体现出一种温馨的田园风情。墙面上大大小小的相框错落而随性地挂着,让人不经意地停下脚步。

左1:生活记录式的家庭照片不规则的悬挂正契合乡村田园生活的随意和趣味
右1:轻柔的纱帘营造着浪漫的气息

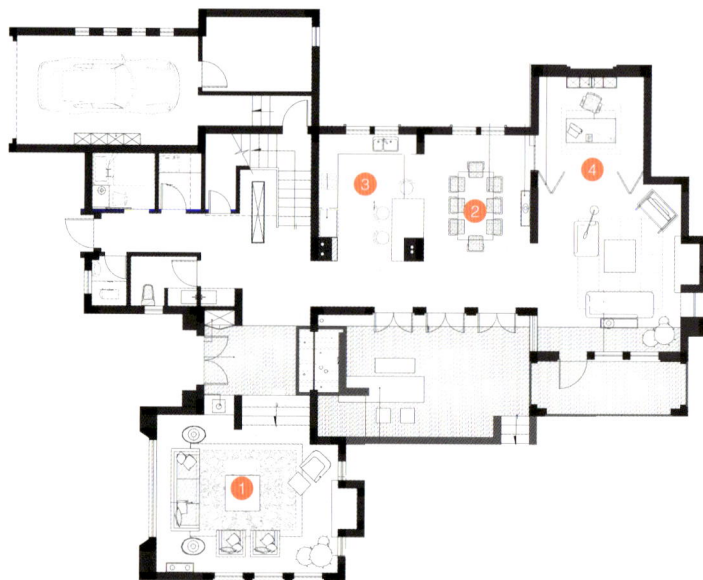

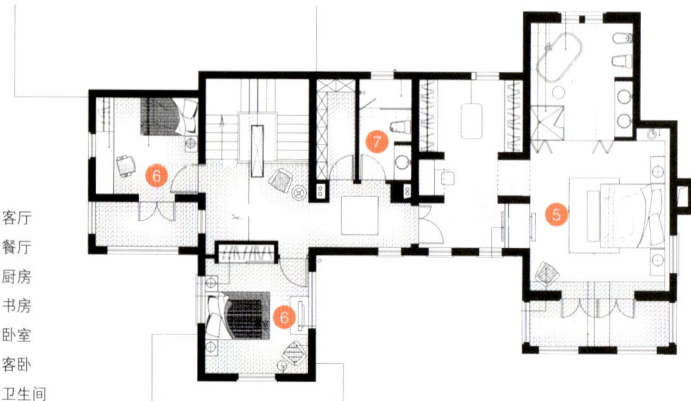

1:客厅
2:餐厅
3:厨房
4:书房
5:卧室
6:客卧
7:卫生间

左1:弧形的门洞、铁艺的灯饰、质朴的餐具，配以原木的家具，体现出一种温馨的田园风情

右1:天花板、地面、窗帘、床罩的白，使卧室显得安详而宁静

右2:米黄呈现一种华贵

配饰设计:那格九号 朱岚

Mediterranean Flavor

地中海风情

面积:260m² 主要材料:实木地板、大理石、壁纸、涂料 工程造价:60万元 坐落地点:南京

设计采用地中海的装饰风格,高雅、贵气。大客厅安置素雅、纯净的沙发、茶几、配饰等,光可照人,便于清洁。与餐厅相连的厨房全部采用浅色厨具,白色和米黄相搭配,清新、高雅,进口的厨具系列使厨房里的每个细节都很上档次。二楼的卧室采用大开窗设计,光照充足。客厅、餐厅、卧室、书房在整体和细节上都体现了浪漫的地中海风情。

左1:楼梯拐角处的小细部
右1:纯净自然的客厅

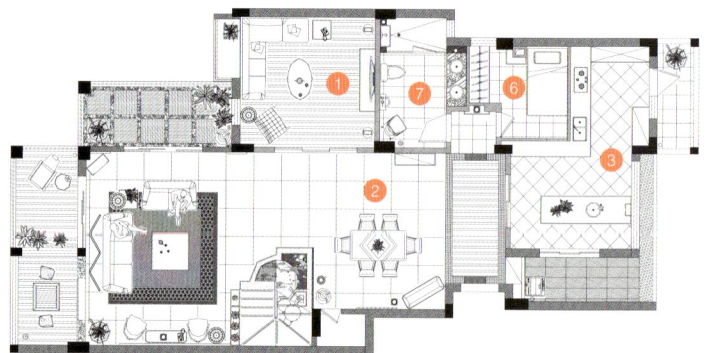

1:客厅
2:餐厅
3:厨房
4:书房
5:卧室
6:客卧
7:卫生间

左1:白色烛台、透明酒杯、镂空桌布，一切显得那么纯粹

左2:低调的书房

右1:浪漫典雅的卧室

右2:浪漫的紫色点缀了浴室空间

设计单位:戴勇设计师事务所　设计:戴勇

Guan Shan Bi Shui

观山碧水

面积:532m²　主要材料:大理石、清玻、仿古砖、橡木、艺术墙纸、马赛克　工程造价:120万元　坐落地点:东莞

设计师援引优雅深意,以专业的笔触诠释美式休闲空间气韵。为达到和谐之美,在原有建筑结构上进行局部改造,墙体小窗变身落地大窗,开阔了空间,也尽数吸入室外佳景,饱和的光线照得室内静态的花叶楚楚欲动。客厅沙发呈正统的摆放形式,简化的线条、粗犷的体积、自然的材质,较为含蓄保守的色彩及造型都以舒适为设计准则。对面深纹石材铺砌的背景墙,设计了装饰性的壁炉,菱形镂空花边镜丰富了墙面的层次感。弧型木顶让客餐厅融为一体,均匀的突出梁隙间嵌入纯白马赛克,于底部暗藏灯管,揉入了时尚趣味。

本案将美式休闲的优雅舒适表达得淋漓尽致,华丽的光与影诉说着久远的璀璨与繁荣,各类情节于空间融洽呈现,闲散与自在中艺术与生活交织一起,低调的奢华中,安然享受拼搏之后释然的生活感悟。

左1:细部,从骨子里折射出的文化艺术之气
右1:墙体小窗变身落地大窗,开阔了空间

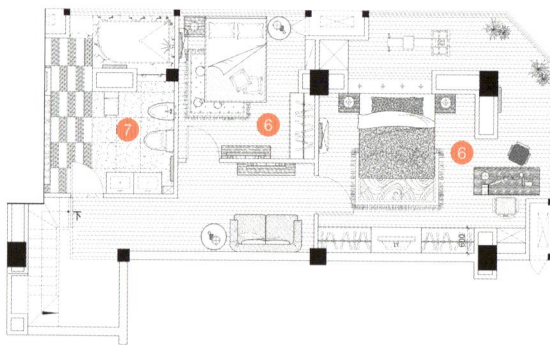

1:客厅
2:餐厅
3:厨房
4:书房
5:卧室
6:客卧
7:卫生间

左1:餐厅简单的布置尽显温馨

右1:木面饰以涂旧漆,有了岁月的痕迹

右2:闲散与自在中艺术与生活交织一起

设计:方振华

Longwan Peninsula

龙湾半岛

面积:613m² 主要材料:米黄石材、木化石、浅啡网纹石材、地毯、石材马赛克、墙纸、白色亚光油漆   工程造价:300万元   坐落地点:成都

中海龙湾半岛位于成都市城西腹地,本项目为整个楼盘的顶级独栋别墅之一。客户群的定位决定了本建筑室内应为丰富、华丽、温馨的空间氛围。由于本案面积为613m²,现代简约风格与客户群的需求是不符的。于是,在设计中采用了现代清爽的简欧风格。一方面避免了传统欧式的繁复、沉重,一方面使空间现代而丰富。整体色调为米黄,重色主要出现在家俱与配饰上,使空间色彩体量协调。自然混合的搭配,注重空间、灯光、物质和质感的安排。尽量做到保持少量现代主义与不同风格及独特性之间的平衡和协调。空间是最豪华的享受,一个整洁有致的空间等同于一间视觉上舒适的居室。

左1:走廊端头的细部
右1:跃层的客厅大气华贵

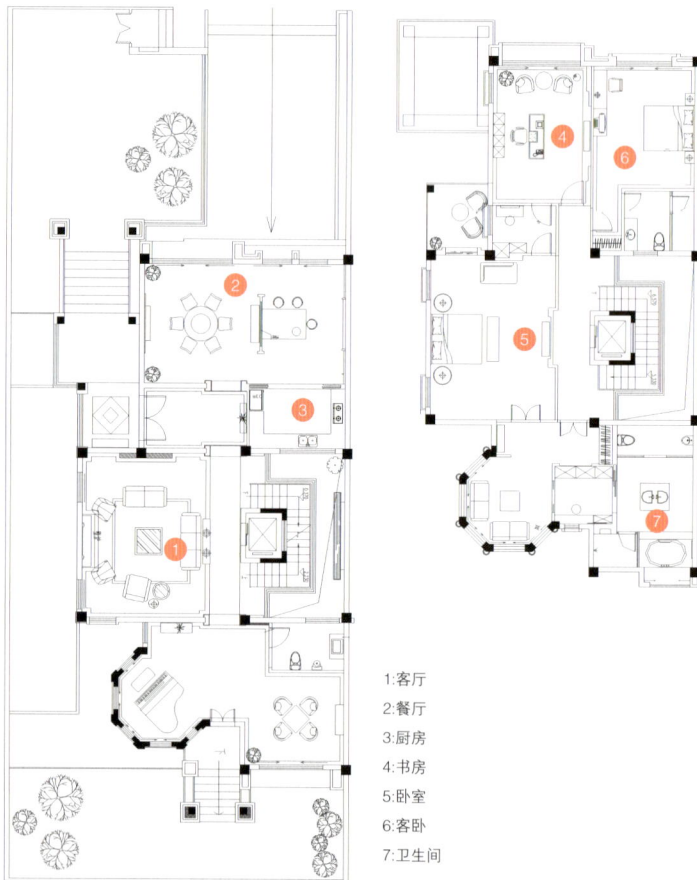

1:客厅
2:餐厅
3:厨房
4:书房
5:卧室
6:客卧
7:卫生间

左1:高贵典雅的餐厅
左2:厨房开辟几扇窗户有助于采光
右1:清新怡然的卧室
右2:镶金边的镜子扩大了视觉空间
右3:雍容华贵的主卧室

设计单位:上海汉星设计有限公司+熠彩软装　设计:高龙

Qiao Hong

侨鸿

面积:156m²　主要材料:乳胶漆、复合地板、墙纸　工程造价:23万元　坐落地点:南京

本案设计力求营造的是大气轻快，随意的美式风格。色彩面料：以浅色面料为主，主要应用花卉图案对整体氛围的烘托。以古典造型为主，布艺，饰品中融入些许新艺术风格，强调手工性，精致感。陈设摆放追求随意性，有生活气息。

左1:精雕细琢的台灯极具装饰感

右1:客厅暖意十足

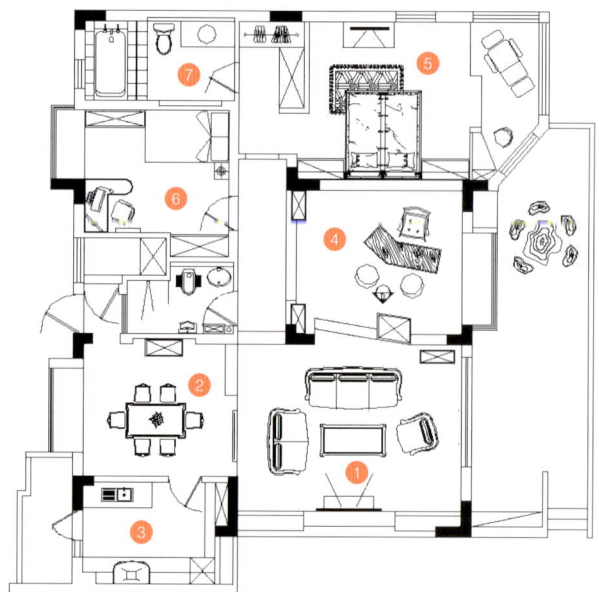

1:客厅
2:餐厅
3:厨房
4:书房
5:卧室
6:客卧
7:卫生间

左1:富有田园气息的餐厅
右1、右2:浪漫的卧室
右3:简单的浴室

配饰设计:那格九号 朱岚

Romantic Paris

巴黎情怀

面积:340m²　主要材料:地毯、壁纸、仿古地板、大理石　工程造价:80万元　坐落地点:南京

本案定位为高档法式独栋别墅。设计强调空间的"和谐性"和"无限性"的精神品格,同时吸收了简洁实用的现代理念,在动静、开合、刚柔的搭配中营造诗意的栖居。别墅运用了现代建筑材质,简约流畅的外立面优雅灵动。开放式格局赋予空间开拓的视野,无阻隔的设计给空间带来无限可能性。

左1:水晶国际象棋从侧面透露主人爱好
右1:花团锦簇的客厅

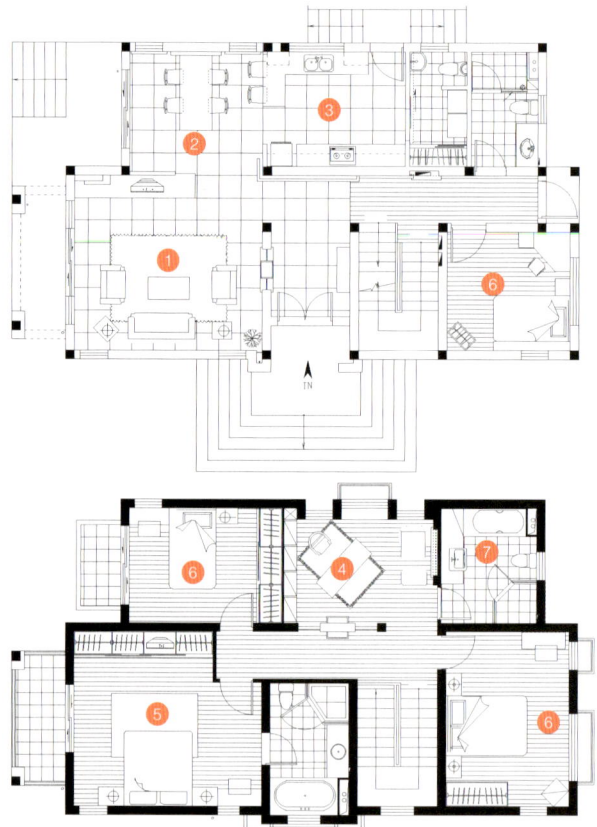

1:客厅
2:餐厅
3:厨房
4:书房
5:卧室
6:客卧
7:卫生间

左1:浴室也能如此浪漫
左2:豪华卧室
右1:充满田园风情的卧室

设计单位:金螳螂浙江设计院　设计:叶飞

Neo-classical Rhythm

新古典之韵

面积:425m²　主要材料:白沙米黄、白宫米黄、纽敦豆木、墙纸、石膏线脚　工程造价:100万元　坐落地点:杭州

留庄毗邻杭州西溪湿地,整体建筑为新古典风格,平面布局借鉴帕拉狄奥的圆厅构造,从而在靠近入口处形成一个空间节点和交通枢纽,室内各空间序列的演绎便是基于这一区块的定位与塑造展开。

设计师在空间上运用中心、对称、轴线、等级、秩序、主从等古典设计原则;在形式上强调比例、尺度、节奏的逻辑性与古典趣味;在空间古典特征的表现上将元素的提炼与融合尺度的把握放在首位,选用少量塔式干柱式和弧型线角来集中表现硬装部分的"新古典",避免了符号的堆砌与视觉元素的繁冗。作品力求达到现代功能舒适性与古典审美艺术性的有机结合,在感性体验的背后蕴藏着设计师的理性与节制。

左1:古典主义风格的提炼与简化
右1:抒古典情怀不觉其板,状身边细节不觉其繁

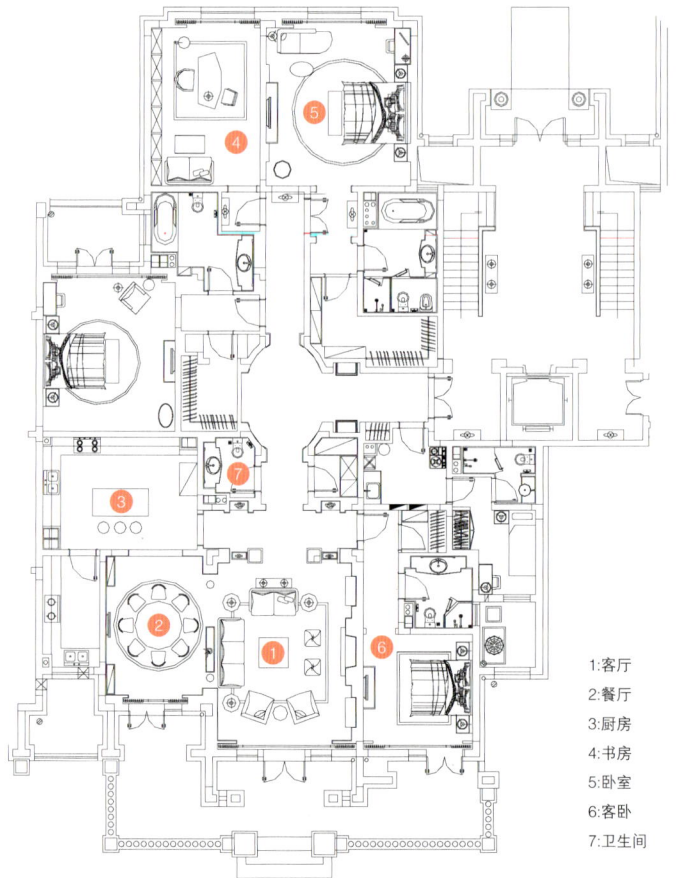

1:客厅
2:餐厅
3:厨房
4:书房
5:卧室
6:客卧
7:卫生间

左1:塔式干柱式分隔两区域，相互通透又各自独立

右1:主卧应体现主人的审美品位，家具在此扮演了重要的角色

右2:现代简约的浴室

设计单位:金螳螂浙江设计院　设计:何蒙骥

Lakefront Spacious House

湖畔宽邸

面积:312m²　主要材料:白沙米黄、白宫米黄、纽敦豆木、墙纸、石膏线脚　工程造价:80万元　坐落地点:杭州

本案位于杭州萧山湘湖风景区,紧挨休博园。在装饰风格上延续建筑的简欧模式,在表现手法上运用改良的经典欧式线条去勾勒空间,传统元素与现代工艺相结合,恰到好处地运用艺术品烘托氛围,格调高雅、色彩柔和,尽显低调的豪华。

左1:一幅画折射一段人生
右1:精挑细选的家具及配饰装点了华丽的客厅

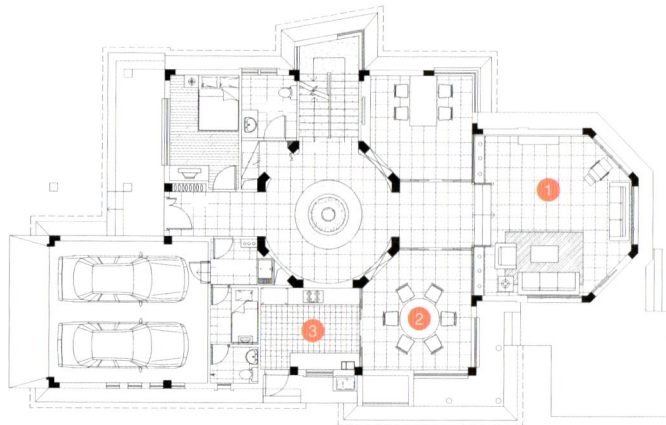

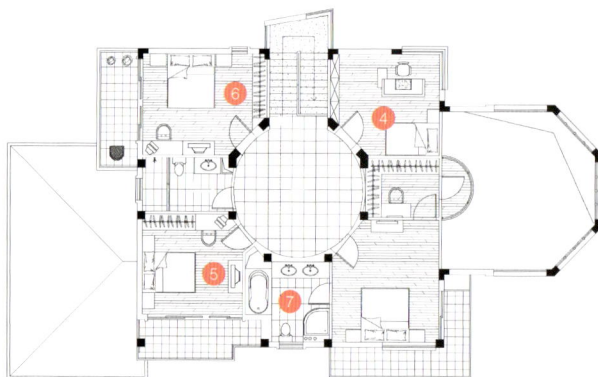

1:客厅
2:餐厅
3:厨房
4:书房
5:卧室
6:儿童房
7:卫生间

左1:有窗有门，餐厅不再暗淡

左2:最具欧美风范的厨房设计

右1:儿童房充满稚趣

右2:简易的书房

右3:镶边的镜子尽显低调的华贵

左1:灯与花遥相呼应
右1:浪漫华丽的卧室
右2:可爱的儿童房
右3:简单的卫生间

设计单位:上海汉星设计有限公司+熠彩软装　设计:高龙

Yi Pin Man Cheng

一品漫城

面积:140m²　主要材料:米黄大理石、灰木纹、樱桃木染色、马赛克　工程造价:40万元　坐落地点:上海

客厅在立面装饰中带有欧式经典的传统装饰风格,并以现代手法加以提炼,使空间形态得到高品质的再生。造型现代、大气,客厅在材料上选择大理石、落地窗和水晶灯、欧式雕花沙发等,不同材质的对比,品味已无须文字粉饰。客、餐厅处于同一空间,因光线而显得通透,因开阔而显得实用。餐厅地面铺设深色地板,吊灯及玻璃烛台将空间营造得明亮辉煌,配搭上古典餐桌,整体风格一致。卧室设计延续了客厅的风格,照顾整体性的同时又因其功能性的特殊性而偏重朴实、温馨。

左1:细部展示
右1:不同材质的对比,品味已无须文字粉饰

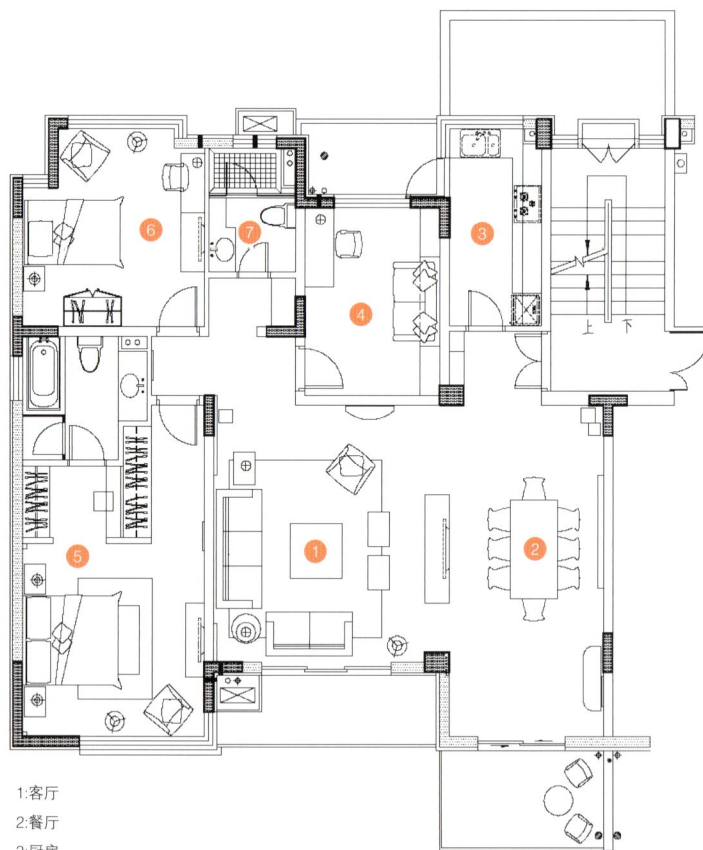

1:客厅
2:餐厅
3:厨房
4:书房
5:卧室
6:客卧
7:卫生间

左1:厨房一角

左2:吊灯及烛台将空间营造得明亮辉煌

右1、右2:卧室设计延续了客厅的风格，照顾整体性的同时又其功能性的特殊性而偏重朴实、温馨

右3:石材围合的浴室

设计单位:上海采格建筑设计有限公司　设计:董伯南

Julu Garden

巨鹿花园

面积:400m²　主要材料:石材地面、线条、柚木地板、玻璃马赛克　工程造价:86万元　坐落地点:上海

本案表现的室内设计是欧式古典时期的细致和华丽感。

一层玄关、客厅及宴会厅均以素色大理石为地坪,门洞的石材收边,法式门窗格,波纹玻璃,天花线饰,石材楼梯及铁艺扶手,处处都显现出欧式的风格底蕴。二层的梯厅以金饰的雕花木框镜配以英国绒布壁纸背景墙是让人眼亮的焦点,将一层的含蓄带到另一个层面的华丽。主卧套房是本栋设计精神所在,作息间的古董大柜,欧式布艺沙发,原创画作及艺术品摆设,色彩丰富,其所呈现的气氛,让访客能感受及享受到高贵的礼遇。卧房的手绘壁纸出自艺术家之手,配置床尾苏绣,展示出独特的居室典雅气息,打开浴室的门扇,宽大休闲的浴室自成一景,明亮舒畅的感觉立刻让人疲劳尽消。阁楼的套房由于空间斜顶,造型特殊,中式雕花家具,古董吊灯,丝缎床,刻意设计出30年代氛围的温馨小天地,自成一居。

左1:拱形门洞极富异域风情
右1:改良后的壁龛依然是居室风格的重要体现

1:客厅
2:餐厅
3:厨房
4:书房
5:卧室
6:客卧
7:卫生间

左1:餐厅特写
右1:手绘壁纸展示出独特的居室典雅气息
右2:宽大休闲的浴室自成一景
右3:不规则的空间反而能营造流畅的动线美

设计单位:深圳市派尚环境艺术设计有限公司　设计:李益中、周伟栋

Twenty four City

二十四城

面积:145m²　主要材料:黑檀木地板、布帘、白色漆、法国木纹、墙纸、纱帘、鳄鱼皮、磨光面银箔、清镜　工程造价:68万元　坐落地点:重庆

本案的目标客户所追求的是一种高品质的生活，爱好各种各样艺术品的收藏，因此本案定位在东西方元素的结合。以简约的线条装饰为基础，整体色调上以淡雅的米灰色为底色，地面采用仿旧深褐色的实木地板，给整个居室增加了一份宁静感。通过具备线条感的油画和雕塑的装饰，配以台灯和意大利玻璃水晶吊灯，利用平凡的布置带出艺术品不平凡的一面。在这里并不希望艺术品以很严肃的方式表达，而是自然的、亲切的，融入整个居室氛围中，和谐统一。在家具的挑选上也是以东西方元素混搭而成，不同材质、形态的元素自然配合。整体空间构架以简化的线条为主，使得各种饰品能在或柔和或深沉的色调中达到最理想的平衡。

左1:玻璃下的透明世界
右1:不同材质的组合诠释出精品生活

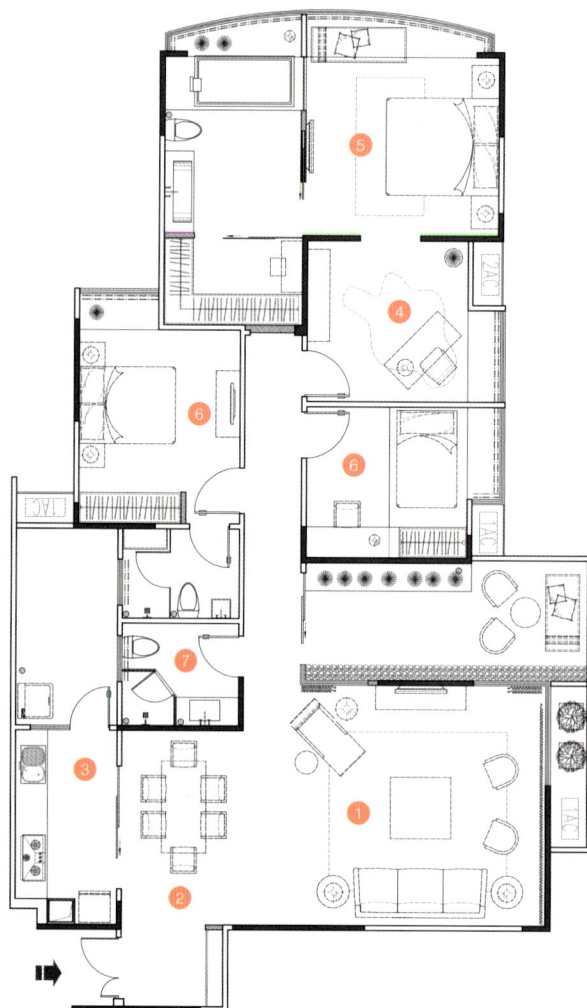

1:客厅
2:餐厅
3:厨房
4:书房
5:卧室
6:客卧
7:卫生间

左1:时间变成艺术品陈列在墙上
右1:规则不一的白框做成床头背景板也很时尚
右2:衣帽间与卫生间共处一室

设计单位:PINKI（品伊）创意机构&美国IARI刘卫军设计师事务所　设计:刘卫军

Walking In The Air

漫步云端

面积:250m²　主要材料:深啡网、黄洞石、砖、水曲柳木饰面、欧松木饰面、墙纸、地毯、马赛克　工程造价:50万元　坐落地点:西安

本案用明快的色彩传达一种浓烈的大自然韵味。纯净的色调、精致的花纹、拱型的门廊、不加修饰的原木家具，都在诉说一种休闲的生活方式。以东方人的审美标准为基调，营造出地中海风情的氛围，空间应用上以小见大，表达独栋别墅的气质和品位。

在地下室的空间规划里，以满足各空间在尺度上的使用要求为前提，增加了一个藏酒区，丰富功能需求。客厅、餐厅较为规整，但楼梯厅处于两者中间，原结构没有很好地将这一位置上的过渡性表现出来，因此将其改造成门拱，成为具有地中海建筑特点的回廊。厨房增设早餐台，丰富了就餐形式。在设计手法上除了加大主卫的洗手间，公卫干湿区独立出来，还增加了过厅及主卧睡眠区与梳洗区的划分，形成过渡及缓冲的空间关系，提高了空间的细节层次。

左1:纯净的色调诉说一种休闲的生活方式
右1:以东方人的审美标准为基调，营造出地中海风情的氛围

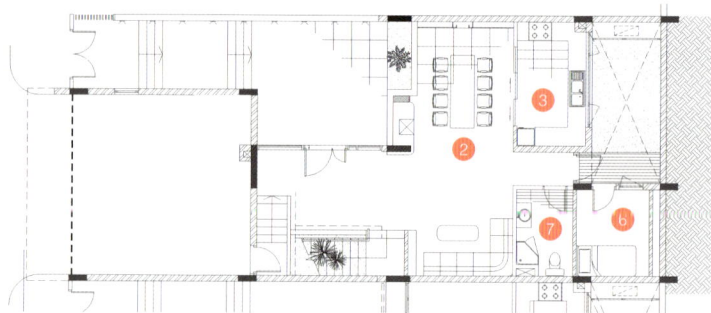

1:客厅
2:餐厅
3:厨房
4:书房
5:卧室
6:客卧
7:卫生间

左1:不加修饰的原木家具传达一种浓烈的大自然韵味
右1:书房的家具精致玲珑
右2:浴室一角
右3:让人眼前一亮的床头背景

设计单位:上海采格建筑设计有限公司　设计:董柏南

New Classical

新古典

面积:400m²　主要材料:石材地面、线条、柚木地板、玻璃马赛克　工程造价:80万元　坐落地点:上海

本案表现的近代古典的内蕴，既保留了古典风格的典雅，又融入了现代生活的品位及精致。

一层玄关、客厅以柔和的用材和较简单的装饰线条贯穿整个空间，宴会厅与A栋相连，却有着类似但不全相同的设计，让它们能共同或单独地使用。二层梯厅以全镜来装饰，让转折空间闪亮不凡。主卧作息间的立柱、壁炉搭配古典皮箱，呈现中西交融的韵味。主卫浴里古典人物油画与吊灯，将客人带入不同的时空。阁楼的套房以明亮的白色与大量的花朵为主打，整个空间充满青春的气息，就像让人期待的春天。

左1:壁龛特写
右1:开敞的空间十分通透

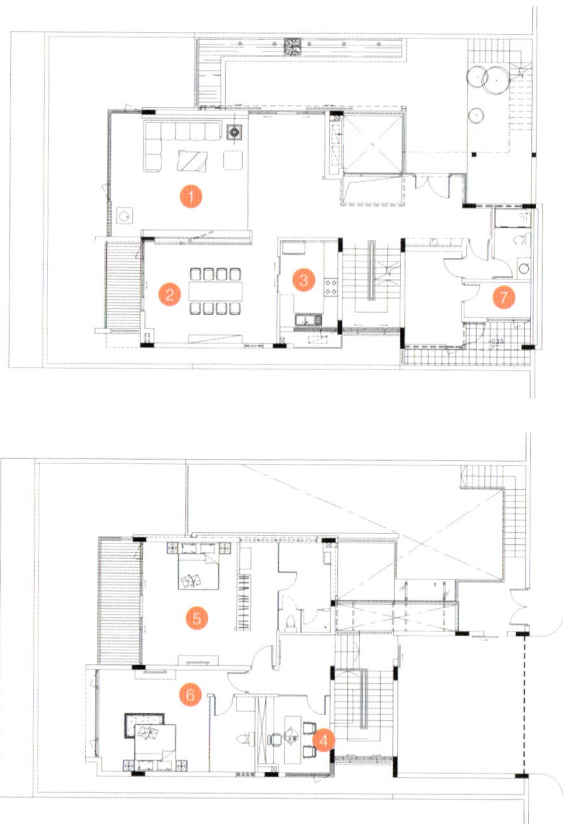

1:客厅
2:餐厅
3:厨房
4:书房
5:卧室
6:客卧
7:卫生间

左1:精致的餐具摆放得整齐划一
右1、右2:卧房明亮通透
右3:简单的卫生间

设计单位:金螳螂浙江设计院　设计:何蒙骥

Jinxiu Siming

锦绣四明

面积:370m²　主要材料:大理石、地毯、橡木饰面板、墙纸、乳胶漆　工程造价:86万元　坐落地点:杭州

在设计这套户型时，设计师选择了既不俗气又不冰冷，古典中带几分现代色彩，含蓄内敛又充满华丽的表现手法，使空间显得丰富且能展现个性魅力。设计师借鉴了很多欧式的经典元素，如经过改良的线条、大型的水晶吊灯、界定空间的门套、铜及银质的艺术品，多样化的贵金属和建材也同样丰富了整个空间，符合设计师对该户型的定位，更契合主人一贯的追求——内敛的奢华，彰显尊贵和品位。

左1:细节展示令空间显得丰富
右1:欧式经典元素充满整个空间

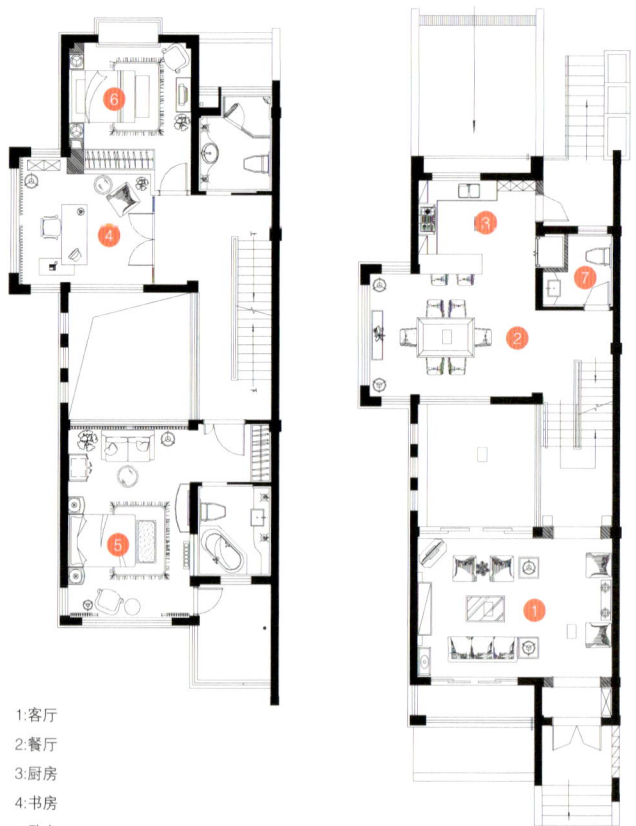

1:客厅
2:餐厅
3:厨房
4:书房
5:卧室
6:客卧
7:卫生间

左1:开敞式的餐厨令空间更加通透
左2:露天的休息区
右1:充满童趣的孩卧
右2:明亮的卫生间
右3:含蓄内敛又充满华丽的卧室

设计单位:品伊创意机构&美国IARI刘卫军设计师事务所　设计:刘卫军

Quiet Sea

静谧的海

面积:73m²　主要材料:石膏板、纱帘、墙纸、地毯、地板　工程造价:11万元　坐落地点:大连

本案主题为"静谧的海",意在描写清晨时分大海如一面天然的明镜,给人营造安详、宁静的世界。本项目原结构中由于厨房的封闭造成客厅空间比较狭窄,设计师将厨房做成开放式后,将餐厅与厨房形成一体,将原有餐厅的位置做成一个书房,不仅增强了空间感,也增加了一个新的功能空间。整个空间以柔和的白色、淡淡的浅蓝色以及米黄色系为主色调,配以柔软的绒布沙发,麻质的方型地毯,设计师精心挑选的鹿角吊灯,古老的收音机,茶几上透明的玻璃瓶里那柠檬黄色的玫瑰散发着淡淡的芬芳,让您慢慢品味生活的安逸、家庭的温馨,又仿佛带领您寻找一块属于自己的舒适空间。黄昏时分,躺在松软的沙发中酌一杯蓝莓咖啡,透过落地窗尽赏大海和夕阳西下的美景,生活将是多么的惬意。

左1:柔软的绒布沙发
右1:低调恬淡的客厅

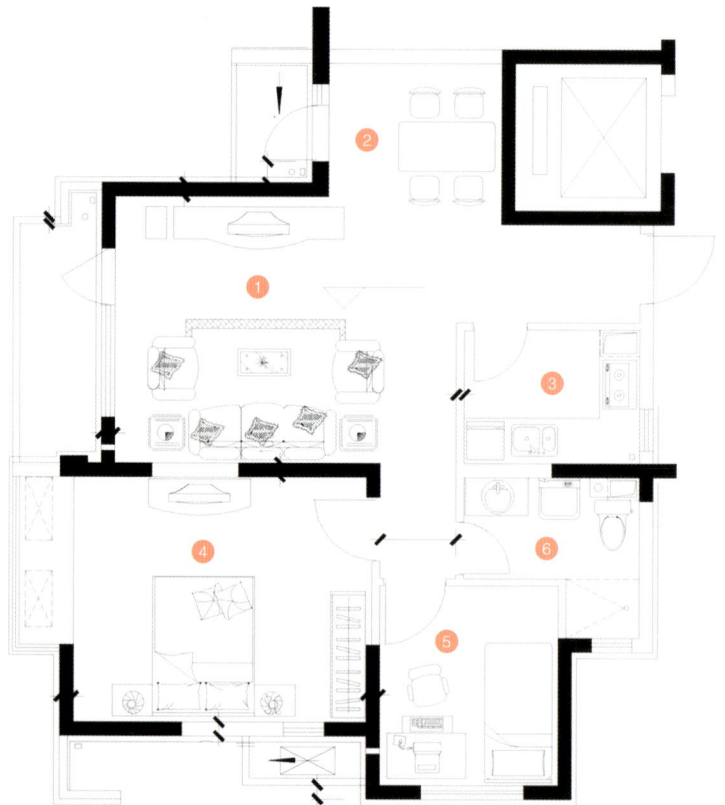

1:客厅
2:餐厅
3:厨房
4:卧室
5:客卧
6:卫生间

左1:开敞式的餐厅和客厅，尽显通透
右1:清新怡然的卧室
右2:低调静谧的书房
右3:别具一格的镜子引人注目

设计单位:杭州典尚建筑装饰设计有限公司　设计:陈耀光

Jia Jing TianCheng

佳境天城

面积:230m²　主要材料:大理石、樱桃木饰面、墙纸、马赛克、地毯、夹绢玻璃、镜面　工程造价:56万元　坐落地点:杭州

客厅开敞、明亮,六块发光顶棚不仅起到良好的照明效果,还拥有另一番装饰美感,顶部吊灯和底部茶几相映成趣,铁艺的运用让客厅多了些岁月的沧桑感;卧室床头板低调素雅,与整个空间色彩搭配协调;书房一隅的细条纹休闲沙发色彩鲜明,夺人眼球。

左1:书房一角
右1:客厅开敞、明亮

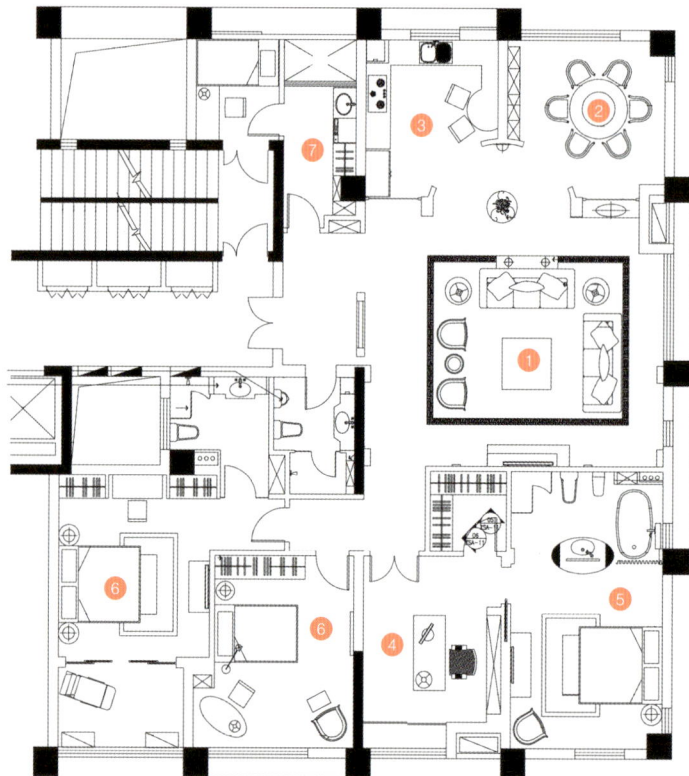

1:客厅
2:餐厅
3:厨房
4:书房
5:卧室
6:客卧
7:卫生间

左1:餐厅一景

右1:卧室内敛大方

右2:客卧清新怡然

右3:石材铺就的卫生间颇具时尚

设计单位:沈阳大展装饰设计顾问有限公司　设计:孙志刚

Xin Meng Villa

信盟别墅

面积:800m²　主要材料:大理石、黑檀木、镜面白钢、线帘　工程造价:400万元　坐落地点:沈阳

本案例是一处独幢别墅。分为地上三层和地下一层。高挑的客厅给设计增添了空间层次和空间与空间的互动。我们于是利用了建筑自身的条件把本设计定义为现代欧式风格。设计中我们舍弃了繁琐复杂的欧式符号,延承了它的大度和精致。客厅里浅色的理石配上华丽的大尺寸水晶吊灯，精心选购的家具和软饰配置的搭配,都使这个家浸透出一种稳重华贵的气质。在主人卧室的设计中我们着重于灯光的把握。分路控制灯光,不但使房间在使用功能上有不同的变换,同时也使房间增添了不同的气氛,散发出异彩。在本设计中还有一处令人喜悦的地方,就是安排在地下室的家庭沙龙,它把酒吧、餐馆、影视厅的所有功能聚集一身,使朋友们在这自由、轻松,又充满家的温馨的房子里尽情畅饮,尽洒情怀,真是不亦乐乎!

左1:明亮的休息区
右1:精心选购的家具和软饰的搭配，浸透出一种稳重华贵的气质

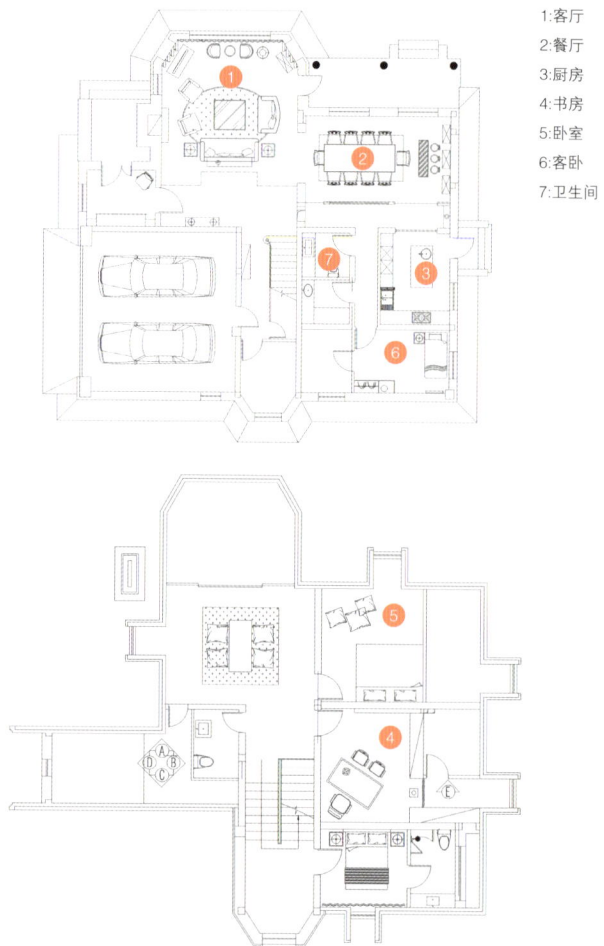

1:客厅
2:餐厅
3:厨房
4:书房
5:卧室
6:客卧
7:卫生间

左1:贵气十足的水晶吊灯彰显华丽的餐厅
右1:花团锦簇的床头背景板
右2:镜片一条一条粘在墙上丰富了空间

设计单位:汉文设计工作室　设计:万宏伟

Beverly Villa

比华利山庄

面积:420m²　主要材料:大理石、乳胶漆、地毯、实木地板　工程造价:85万元　坐落地点:宁波

用"美式印象"为您实现梦想中的家。以18和19世纪"美式印象"为灵感,整合拓展空间表达力,注重设计本位,强调细节及整体家居气氛的感受,创造"前进中的经典"。尊重古典的同时,又注入现代时尚的元素。对正式的现代生活方式作了重新界定,形成对优雅休闲生活方式的完美表述。

左1:玫瑰装点的小局部
右1:精选的家具无疑是客厅的主角

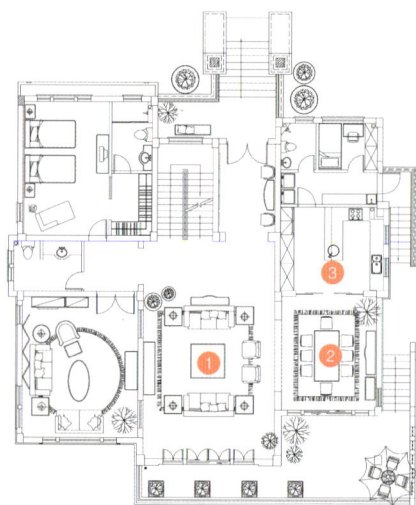

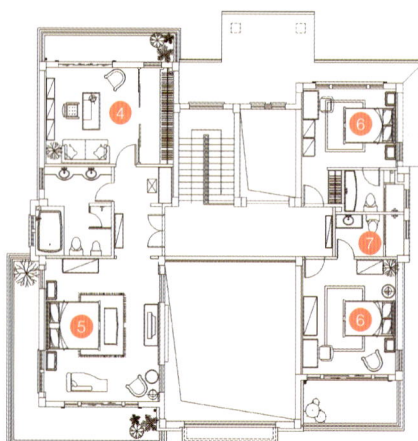

1:客厅
2:餐厅
3:厨房
4:书房
5:卧室
6:客卧
7:卫生间

设计单位:深圳品伊创意机构＆美国IARI刘卫军设计师事务所　设计:刘卫军

Sunshine Bay Garden

阳光海湾花园

面积:140m²　主要材料:大理石、仿古砖、墙纸、马赛克、地毯、碎拼石、车边镜　工程造价:22万元　坐落地点:深圳

本案用新古典的元素包裹着整个空间，从晶莹剔透的米黄大理石地面、啡网纹与茶镜构成尊贵典雅的主墙面、带有相同花型图案的镜面、地毯，到天花上的欧式线条以及水晶吊灯，令第一次参观泰华阳光海湾"楼王"样板间的人，不但会被那挑空的大厅所震撼，更让整个大厅弥散出的奢华与浪漫的气息所迷惑。大厅的设计通透明亮，为空间赋予了华丽的表情，别具风情的新古典家具摆设以及造型精致唯妙的楼梯，餐桌上高脚杯与金色烛台的碰撞，使空间不再单调，使生活更具情趣。

左1:灵动剔透的珠帘柔化了空间
右1:带有相同花型图案的镜面、地毯和谐统一

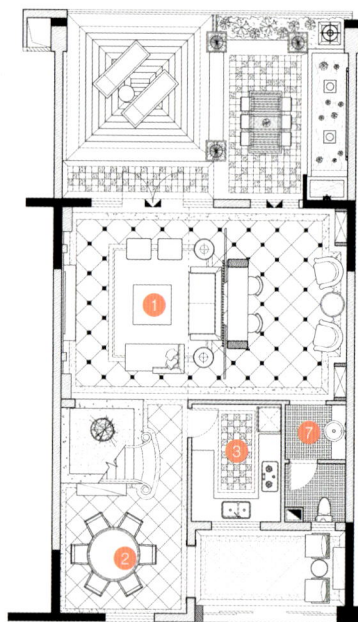

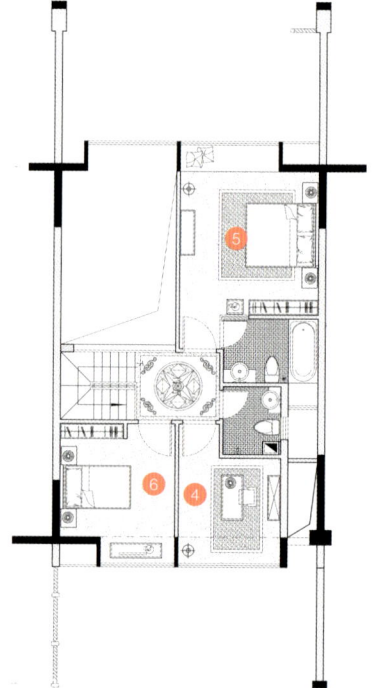

1:客厅
2:餐厅
3:厨房
4:书房
5:卧室
6:客卧
7:卫生间

左1:镜面的植入丰富了空间
左2:大面积落地窗保证了充足的光照
右1:飘窗的设计既可以闲暇时看书,也可以放置物品,一举两得
右2:挂一幅修长的画也可以拉伸空间视觉效果

设计单位:汉文设计工作室　设计:万宏伟

Qian Long Villa

钱隆山庄

面积:480m²　主要材料:柚木地板、浅枫地板、大理石、地毯、马赛克、乳胶漆、壁纸　工程造价:86万元　坐落地点:宁波

这个项目的设计重点主要在室内建筑空间的改建及完善功能上，对于简洁大气的美式风格居家的一种更适当的解释及情景展现。对于宽大的别墅空间功能的细分，东方人居空间生活方式注入美式情怀的关注和理解，对人性化细节的考量，艺术渗透于生活的方式，人与空间，人与自然的关照等设计要素的整合及分析，提升了空间设计的表达力。

左1:异常通透的休息区
右1:拱形门窗为空间注入美式情怀

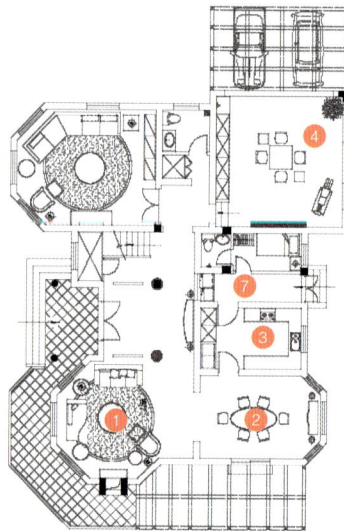

1:客厅
2:餐厅
3:厨房
4:书房
5:卧室
6:客卧
7:卫生间

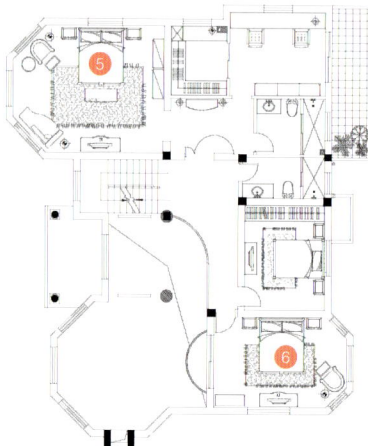

左1:从家具到配饰，都显示着浓浓的欧美风
左2:白色石材的盥洗区
右1:多边形的家庭影音娱乐区
右2:落落大方的客厅

左1:局部小景宛如一幅静态的画
左2:宽敞明亮的卧室
左1:简单的卧室
右2:马赛克做底的浴缸引人注目

设计单位：深圳派尚环境艺术设计有限公司　设计:李益中

Garden House

花园雅居

面积:186m² 主要材料:涂料、壁纸、石材、实木地板 工程造价:28万元 坐落地点:大连

本案位于大连，出于对周边自然环境的着重考虑，设计师发挥创造，对原建筑空间形态进行改造，将原建筑中分隔琐碎的部分重新改良，改良后的空间形态既保留各自的使用功能，又能做到互相穿插、渗透、融合。运用米黄涂料、浅米花纹墙纸及镜面的特性，扩大起居室的空间尺度，突出其在室内空间的重要性。在立面处理上，利用材质表面的肌理，运用块面的交错形成光影变化，为静逸的空间注入一丝灵动。

左1:精美的画丰富了玄关
右1:片片绿叶红花好不浪漫

1:客厅
2:餐厅
3:厨房
4:书房
5:卧室
6:客卧
7:卫生间

左1:拱形门洞下的餐厅
左2:盥洗台
左3:白净自然的书房
右1:两幅画就装点了一面墙
右2:开一扇小窗，空间顿时有趣起来

设计:张弛　配饰设计:那格九号 朱岚

Evian Xigu

依云溪谷

面积:800m²　主要材料:石材、铁艺、实木地板、墙纸　工程造价:340万元　坐落地点:南京

本案样板别墅面积近800m²，分3个楼层。属低调、奢华的新古典风格。

进入大厅，豪华的客厅与餐厅贯通，层高近6m，落地窗外映入眼帘的是大片的人工湖，环绕着铺满竹子的山坡，与客厅精致的氛围相结合，彰显主人的独特品位。客厅与餐厅以红色为主基调，演绎古典传统美。丝绒的沙发，暗红的流苏，毛皮的抱枕，贯穿着每一寸空间，是经典生活品质的体现。

沿着石材圆柱与铁艺雕花的栏杆扶手进入二层。二层是一个主卧套房与儿童房套房，温暖、精致的主卧空间衍生一层的新古典意境。房中有房，布局合理，空间很大。地下一层分视听室、休息区、棋牌区、SPA区与桌球房，功能齐全。采用朴实的藤编椅子、灯具。进入地下，感受与楼上完全不同，身心无比轻松，尽享家庭生活的乐趣。

左1:光影魅力下的肌理展示
右1:富丽堂皇的大厅

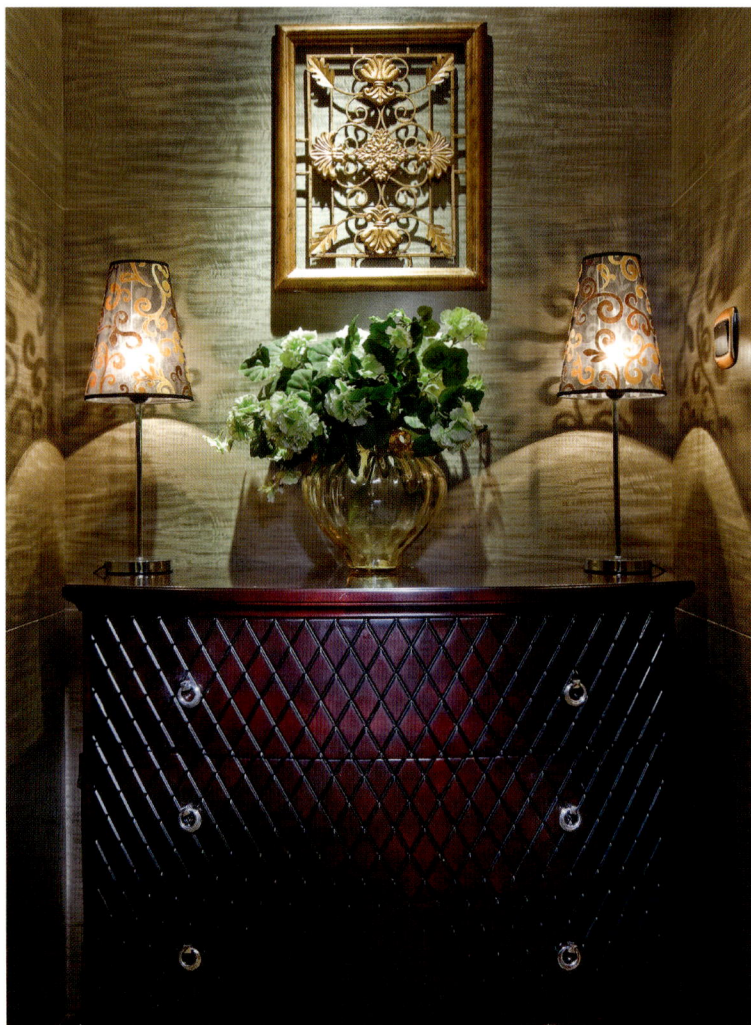

1:客厅
2:餐厅
3:厨房
4:视听室
5:卧室
6:健身房
7:卫生间

左1:炽热的红色极具视觉冲击力
右1:造型别致的家具丰富了会客区
右2:便餐区简单中不失华贵

左1:书桌上的小配饰从侧面反映主人的爱好
左2:纹案优美的床品和墙面背景十分贴合
右1:金色、绛红,卧室华贵典雅
右2:浴室墙面经过防水处理,古朴自然

设计单位:南京龙瑞装饰设计工程有限公司   设计:郝莉

Clasicos

优悠典藏

面积:160m²   主要材料:石材、铁艺、实木地板、墙纸   工程造价:24万元   坐落地点:南京

本案以如何合理的利用空间，做到流线更舒适为主导，将原北阳台门封闭，同时将原餐厅的窗户改成移门，使北阳台与餐厅成为一体。这样无论是从采光、通风还是视觉延伸上都更好。另外，墙纸、个性瓷砖及气质独特灯具的搭配使得整个空间更典雅精致。匠心独具的设计将美、艺术、品位、品质和谐统一，赋予家愉悦优雅的感受，彰显精致不凡的生活。

左1:五彩的仿真花令过道不再单调

右1:皮质沙发极具品质感

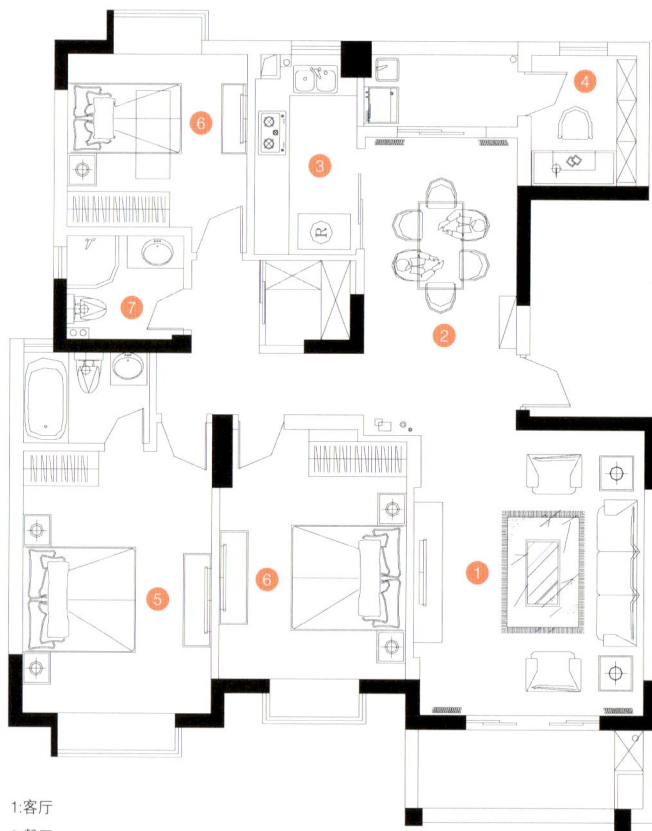

1:客厅
2:餐厅
3:厨房
4:视听室
5:卧室
6:健身房
7:卫生间

左1:菱形镜面扩充了视觉空间
左2:原木色的厨房明亮干净
左3:卧室具有古典气息
右1:儿童房洁白无瑕
右2:摆上一簇花,浴室便充满生气

配饰设计:那格九号 朱岚

American Countryside

美式田园

面积:390m²　主要材料:大理石、镜面、墙纸、实木地板、乳胶漆　工程造价:110万元　坐落地点:南京

本案在把握空间平衡上力度掌握得恰到好处。无论是色彩、材质,还是肌理,都力求变化中求统一,真正诠释美式风范。在这里,设计师试图营造一种独特的文化情调,一种既有怀旧情怀又具时尚特色的的视觉氛围。各功能区的配饰围绕田园二字展开,几乎每一个空间都能窥见清新自然的绿叶红花。

左1:精致的细部
右1:明亮的客厅

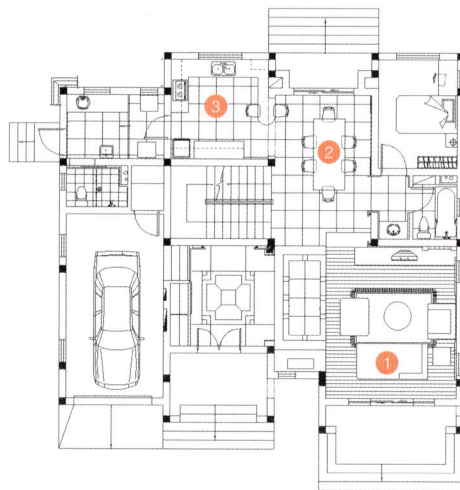

1:客厅
2:餐厅
3:厨房
4:书房
5:卧室
6:客卧
7:卫生间

左1:厨房的百叶帘透进来丝丝日光
左2:极具质感的配饰
左3:落地窗保证了书房的照明
右1:洗手间一角
右2:充足的自然光显然是这间卧室设计的塑归

配饰设计:那格九号 朱岚

Feeling Italy

浓情意大利

面积:420m²　主要材料:墙纸、石膏面板、地毯、墙面砖、实木地板　工程造价:106万元　坐落地点:南京

地下室建吧台、台球室,与亲朋好友和商务伙伴在自己的私人会所里来一场友谊赛,在娱乐中增进交流。一层设有正餐厅和便餐厅,餐厅接待宾客,豪华、气派,便餐厅享用早餐方便快捷。二层卧室和客卧提供家人和友人舒适、惬意的居住空间。

左1:精致的细部
右1:暖黄包围的空间尽显高贵

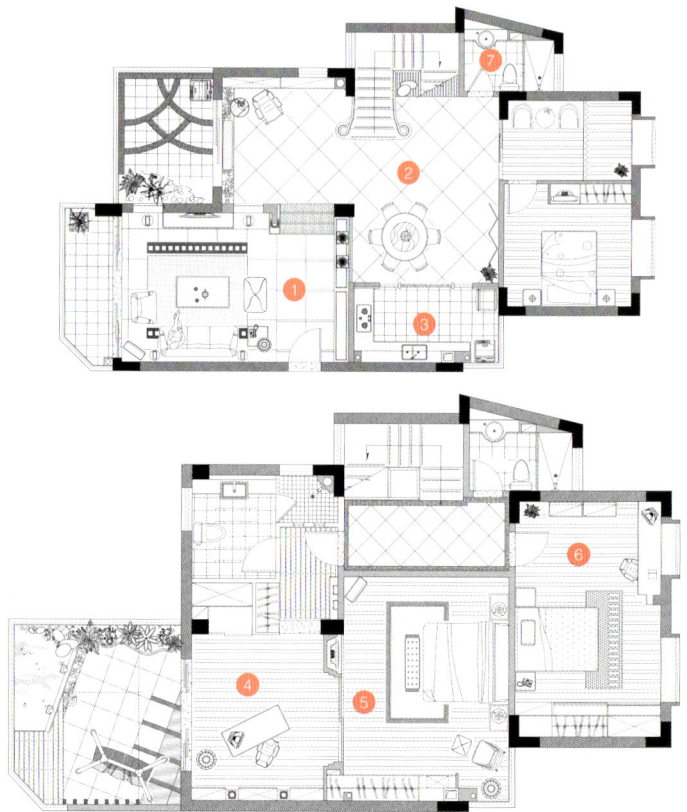

1:客厅
2:餐厅
3:厨房
4:书房
5:卧室
6:客卧
7:卫生间

设计单位:达观设计　设计:凌子达

Park Road, #102

公园道102号

面积:168m² 主要材料:石膏板、乳胶漆、镜片、石材地面、实木复合地板 工程造价:34万元 坐落地点:上海

现代欧式以它流畅的线条、极致柔美的元素组合越来越受到人们的喜爱，本案即是一个典型。客厅的沙发造型饱满且质感极佳，黑色真皮和银色包边的组合简洁又不失优雅，纵横交错的天花板呼应块状地砖，极具装饰感。餐厅注重实用性，玻璃墙面让空间更显通透。卧室设计充满序列感，极具视觉冲击力。

左1:电视背景墙做成凹凸有致的立体墙面，丰富了空间内容
右1:入口处的开放式玄关极具质感

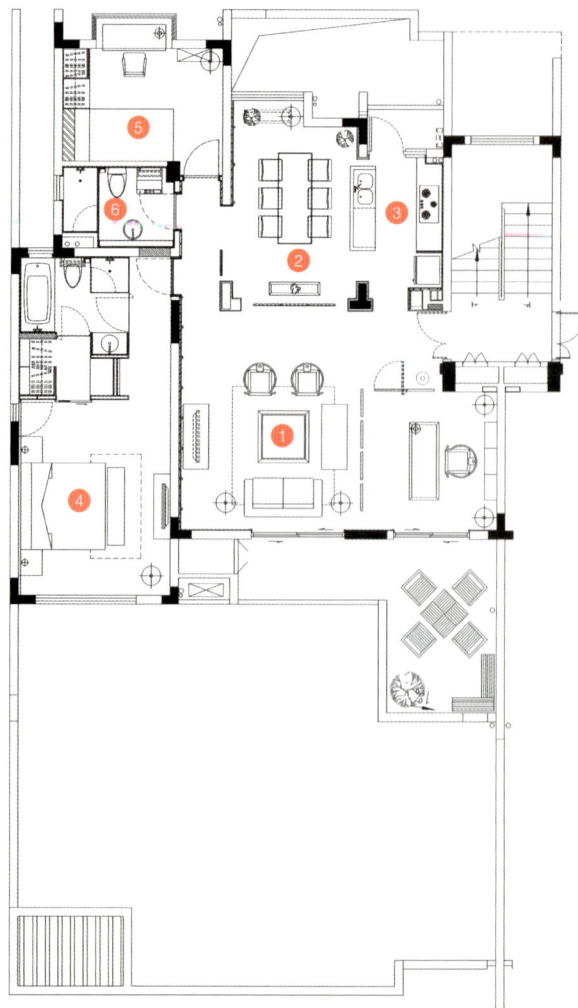

1:客厅
2:餐厅
3:厨房
4:主卧
5:儿童房
6:卫生间

左1:纵横交错的天花板呼应块状地砖，极具装饰感

左1:餐厅一面墙做成玻璃的，令空间通透
右1:序列感十足的卧室显得高贵大方
右2:卫生间空间狭小，设置一面落地镜，感觉空间一下子扩大了

设计单位:丛林工作室　设计:丛林

Play airspace

玩转空间

面积:52m²　主要材料:柚木地板、乳胶漆、镜面、不锈钢　工程造价:8万元　坐落地点:济南

一层为开敞式布局,客厅、餐厅同属一个大空间,只在顶面部分稍做区隔。为避免层高过低产生压抑感,设计师摒弃吊灯,改用筒灯、台灯、落地灯等局部重点照明,点燃空间情调的同时也弱化了层高过低带来的不适感。楼梯较窄,设计师做了一些回旋,令空间更加生动有趣。

左1:回旋楼梯生动有趣
右1:客厅娴静端庄

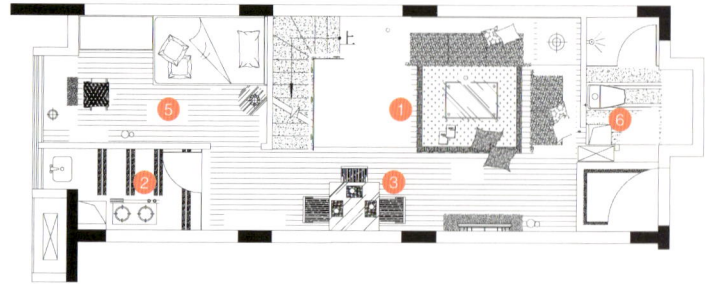

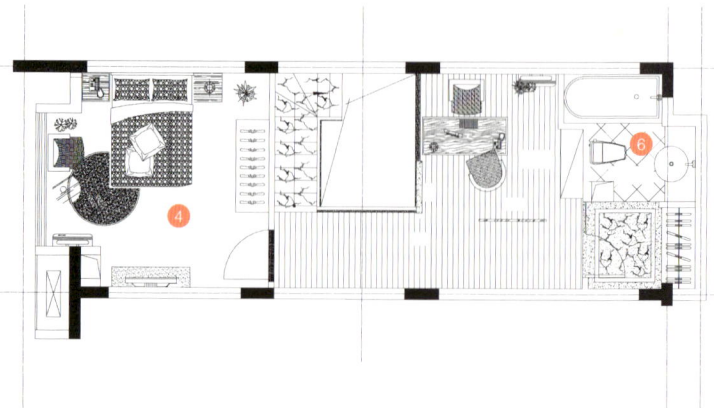

1:客厅
2:餐厅
3:厨房
4:主卧
5:客卧
6:卫生间

左1:开辟一块小天地成为一个简易餐厅
左2:厨房接近餐厅，方便就餐
右1:卧室里面一盏吊灯尽显低调的奢华
右2:客卧一隅
右3:浴室墙面采用马赛克拼贴

设计单位:RYB・三原色建筑装饰设计院 设计:符军

Garden full of spring scenery

春色满园

面积:190m² 主要材料:艺术马赛克、实木地板、大理石、地毯 工程造价:45万元 坐落地点:中山

居室内大面积运用艺术马赛克,拼贴出花朵图案,将鲜花带入居室生活的角角落落。另外,为了充分利用空间,设计师在开放式厨房里面设置了四层木质搁板,宴会的碗碟都有了安身之处。造型流畅的餐桌椅也是就餐区的装饰,相信就餐时一定会胃口大开。卧室床头背景墙以木质为主材料,清新自然的纹理能令人心情平静、舒缓,为就寝提供安静的环境。

左1:简易餐吧
右1:艺术马赛克拼贴出花朵图案,装点客厅

1:客厅
2:餐厅
3:厨房
4:卧室
5:卫生间

左1:开放式餐厅设置了四层木质搁板,宴会的碗碟都有了安身之处
右1:简易厨房
右2:只需一个小小的创意,书桌便和电视柜连在一起了
右3:主卧卫生间与卧室连通,只用玻璃稍做遮挡,很是浪漫

设计单位:上海黑泡泡建筑装饰设计工程有限公司　设计:孙天文　配饰设计:那格九号　朱岚

Evian Waterfront

依云水岸D

面积:200m²　主要材料:石材、木饰面、皮革、银镜、金箔、茶镜、乳胶漆　工程造价:45万元　坐落地点:苏州

别墅面积200m²，连地下室共3层。平面布局科学、合理。南北均有入户阳台，奠定了光线和空气内外交流的良好条件。卫生间和厨房分列餐厅以东的南北两面，方便就餐和洗漱。深色主打偌大的空间，内敛沉稳，其间穿插一些白色饰物提亮，精挑细选的配饰无疑将品质、潮流注入每一寸空间。

左1:客厅一隅
右1:冷峻时尚的客厅

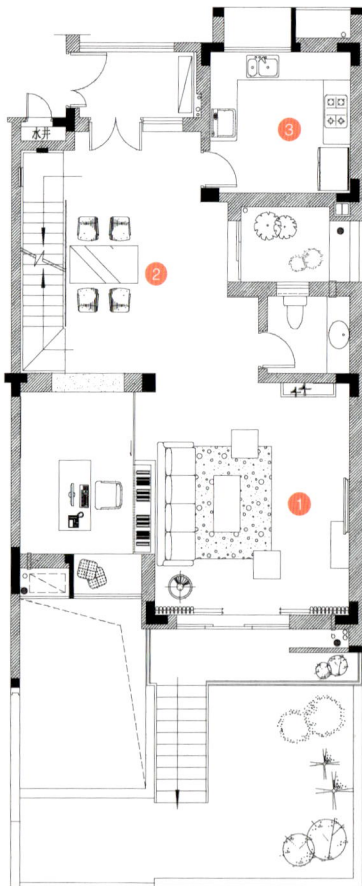

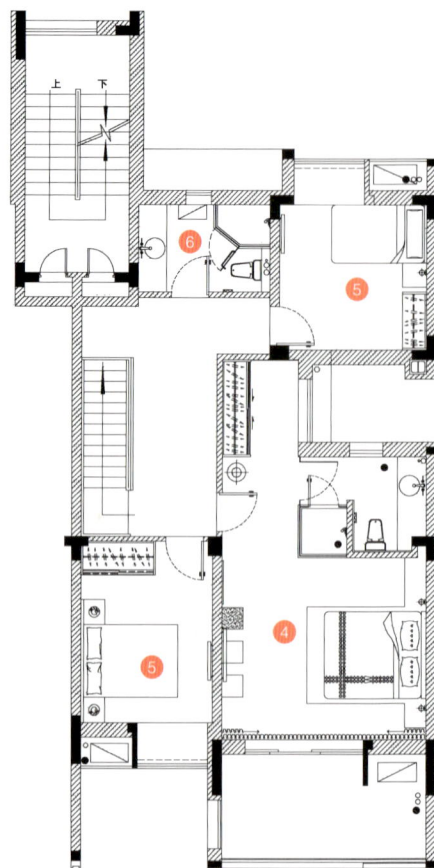

1:客厅
2:餐厅
3:厨房
4:主卧
5:客卧
6:卫生间

左1:餐厅紧邻楼梯，竭尽所能利用每一寸空间
左2:二楼休息区
右1:开辟一小块空间就能成就一片读书天地
右2:黑色马赛克拼贴出时尚的卫生间

设计:高龙

Shan Shui Yun Fang

山水云房

面积:70m²   主要材料:乳胶漆、实木地板、地毯   工程造价:10万元   坐落地点:上海

进门右手边利用一面墙做成一个书架，客厅言简意赅，放置上沙发和茶几。由于面积不大，餐厅干脆改成简易餐吧，大大节省了空间。随着楼梯上去，也设置了一个书架，预留这么大的空间做成书房，显然业主是一个爱好读书的文化人。

左1:近乎艺术品般的空间小品
右1:从客厅看进门入口

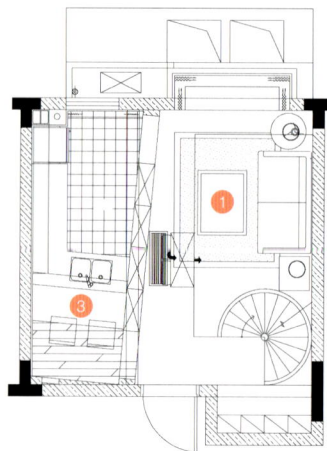

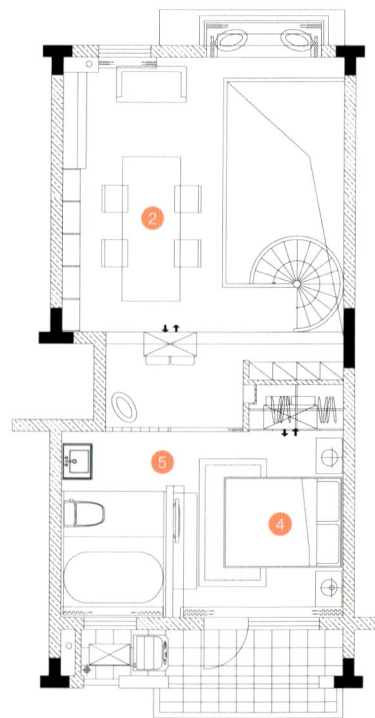

1:客厅
2:餐厅
3:书房
4:卧室
5:卫生间

左1:简易吧台精致小巧

右1:书房全景

右2:便捷的盥洗台

右3:浅色的卧室点缀零星蓝色,富有生气

设计单位:佳木斯市豪思环境艺术顾问设计公司　设计:王严民

Healthy Community

健康社区

面积:145m² 　主要材料:白枫木贴面板、壁纸、玻化砖、复合地板、玻璃、涂料　工程造价:20万元　坐落地点:佳木斯

在满足功能规划的要求下，本案确定的是现代都市风格，结构上没有刻意叠加无谓的造型元素，整体色彩运用米黄色素，其间调和黑色平衡空间层次关系。材料与材质，有序和谐的搭配，表现出简洁、洗练、流畅的视觉效果，华丽而不张扬，让人享用着温馨、舒适的空间之美，家——有气质则灵。

左1:序列感分明的墙面拉伸了空间纵深
右1:米黄色的基调配以黑色平衡空间层次，简洁流畅

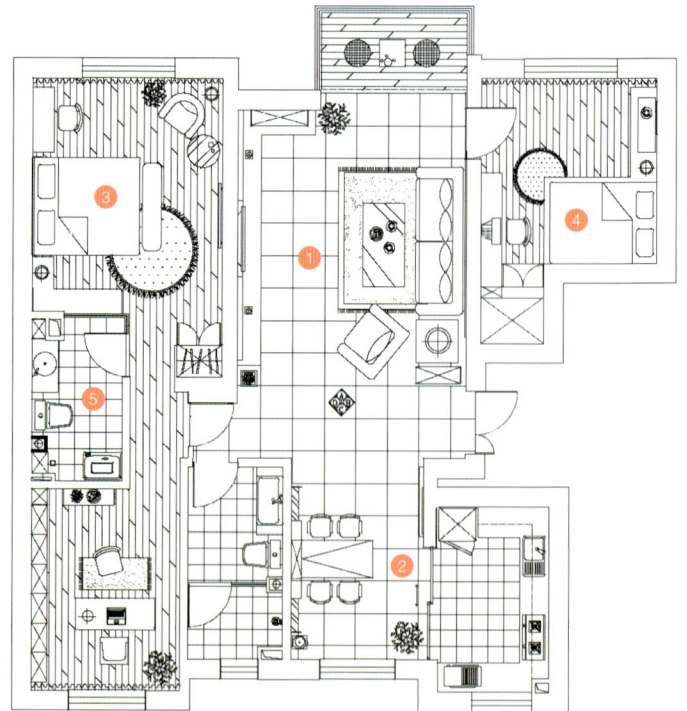

1:客厅
2:餐厅
3:主卧
4:儿童房
5:卫生间

左1:酷劲十足的餐厅
右1:极富童趣的儿童房
右2:卫生间一角
右3:透明的珠帘搭配黑色烤漆玻璃，床头背板尽显时尚之风

设计单位:宁波新世纪设计公司 设计:王寄明

Silver Harbor

银色港湾

面积:180m² 主要材料:不锈钢、米黄大理石、超白洞石、玻璃、墙纸 工程造价:80万元 坐落地点:宁波

设计师通过对空间的分析,删除不必要的阻隔,使常规格局呈现出格外的通透与流畅。在色彩上将黑白灰银四系巧妙搭配,造型上施以直线方角笔触,畅写简约。墙面上的银色花纹层层铺叠,灯罩、沙发垫子、餐桌等纹饰以不同方式与之呼应,展现出现代灵动的气质。卧室与浴室采用全玻璃隔墙,不仅延伸了空间,更蕴藏着浪漫的居住情怀。

左1:安静休息区
右1:客厅删除不必要的阻隔,使常规格局呈现出格外的通透与流畅

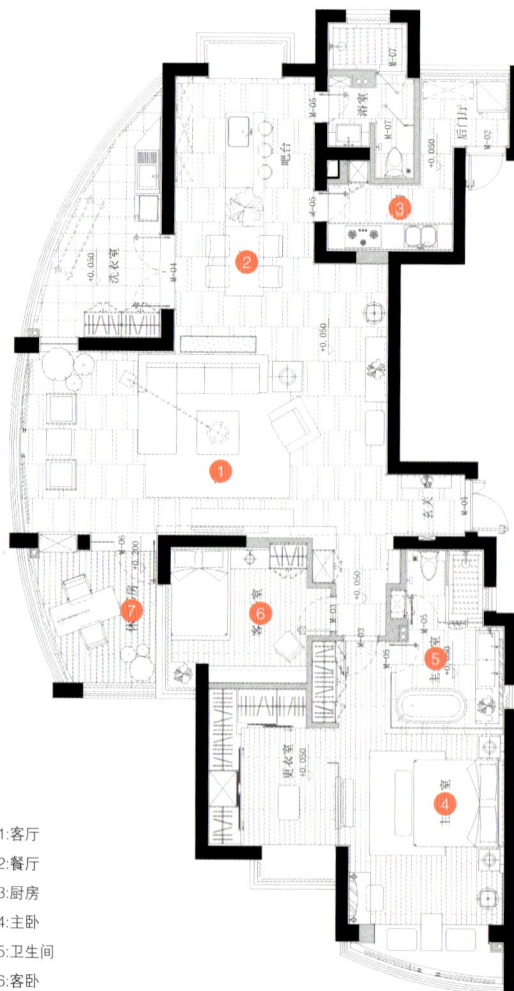

1:客厅
2:餐厅
3:厨房
4:主卧
5:卫生间
6:客卧
7:书房

左1:客厅、餐厅共处同一个大空间
左2:小吧台一隅
左3:现代感十足的厨房
右1:卧室设计尽显都市感
右2:卫生间一隅

设计单位:丛林工作室 设计:丛林

Style Life

格调人生

面积:50m²   主要材料:进口石材、石膏板、玻璃、枫木、乳胶漆   工程造价:7万元   坐落地点:济南

客厅宽敞、明亮，块状的背景板丰富了原本单调的墙面，配饰色调贴近墙面，暖黄的主基调让空间洋溢着温馨、惬意。镂空的楼梯以不锈钢和木质两种材质结合，尽显时尚、现代。餐厅面积较小，一面落地镜从视觉上扩大了空间。

左1:旋转扶梯时尚、现代

右1:温馨、明亮的客厅

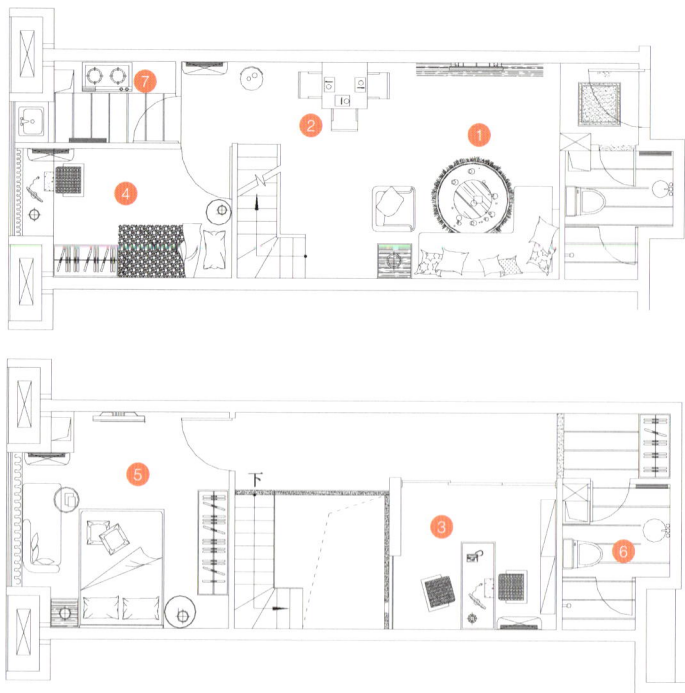

1:客厅
2:餐厅
3:书房
4:主卧
5:客卧
6:卫生间
7:厨房

左1:客厅餐桌全景
左2:简洁、清爽的书房
左3:竖条纹的墙纸拉升了空间纵深
左4:卫生间一隅
右1:卧室尽显低调的奢华

设计单位:丛林工作室　设计:丛林

Nutshell of House

蜗居

面积:54m²　主要材料:进口石材、复合地板、玻璃、乳胶漆　工程造价:7万元　坐落地点:济南

客厅、餐厅共存于一个大空间,餐厅部分通过镜面反射出客厅的内容。客厅和餐厅里摆放的精致配饰,不经意间透露着主人浪漫的生活品位。书房墙面架了几条木板,打上光源,满足了书架的功能的同时也不失为一道风景线。卧室比较简单,在满足基本功能之外不再加任何附属品。

左1:精致的餐具透露主人浪漫的生活品位

右1:客厅落落大方

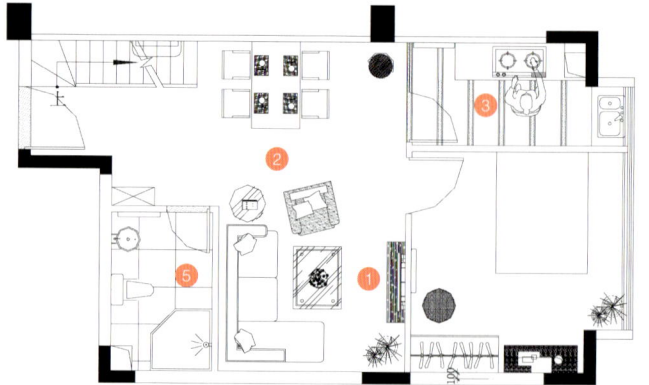

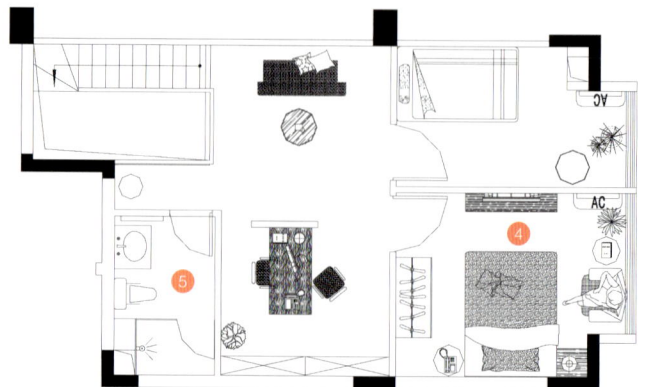

1:客厅
2:餐厅
3:厨房
4:主卧
5:卫生间

左1:餐厅与厨房通透相连，中间以玻璃移门为隔

左2:打上灯光的书架不失为一道风景线

右1:卧室极尽简约，干净利落

右2:面积不大的儿童房空间被利用得很充分

右3:卫生间全景

图片提供:刘金石

Dream City

梦幻之都

面积:124m²　主要材料:进口石材、镜面、壁纸、乳胶漆　工程造价:18万元　坐落地点:上海

这个案例中最出彩的莫过于配饰的选择了。设计师深谙配饰在家居风格表现中的作用,每一件艺术品的摆放和选择都煞费苦心。总体协调一致的基础上时不时给予空间一些大胆的对比色,既吸引了眼球,也让空间成为一个活泼的小精灵。

左1:虽只是客厅一角,仍不妨碍它吸引目光的魅力
右1:红色的小马为空间注入一丝灵气

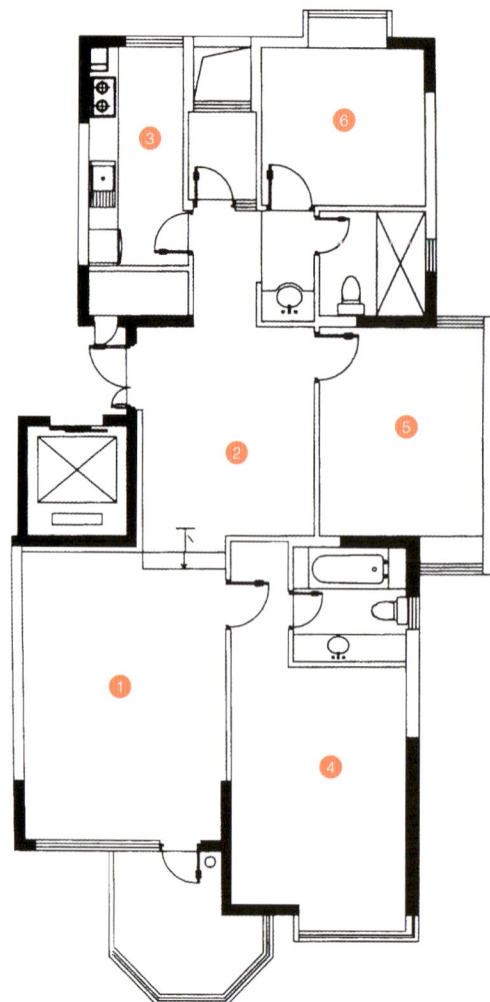

1:客厅
2:餐厅
3:厨房
4:主卧
5:客卧
6:卫生间

左1:餐桌特写
右1:整体橱柜让空间和谐统一
左2:卫生间摆放一盆鲜花,空间顿时生机勃勃
左3:素色墙纸搭配白色床品,自然流畅

设计单位:上海黑泡泡建筑设计工程有限公司　设计:孙天文　配饰设计:那格九号 朱岚

Evian Waterfront E

依云水岸E

面积:250m²　主要材料:茶晶、皮革、石材、木饰面、乳胶漆　工程造价:55万元　坐落地点:苏州

二层专属于主人,洗手间靠近主卧房,方便又卫生。阳台和露台让人多了一份与自然亲近的理由和动力。会客区、试听区、就餐区分布合理,简单、大方。黑白极致对比的迷你吧既时尚又不失一种冷静的气质。书房功能近似迷你吧,但更多了一份岁月感,适合男主人在此工作。

左1:纯白的地毯令休闲区多了一份暖意
右1:颇有几分现代中式风格的客厅

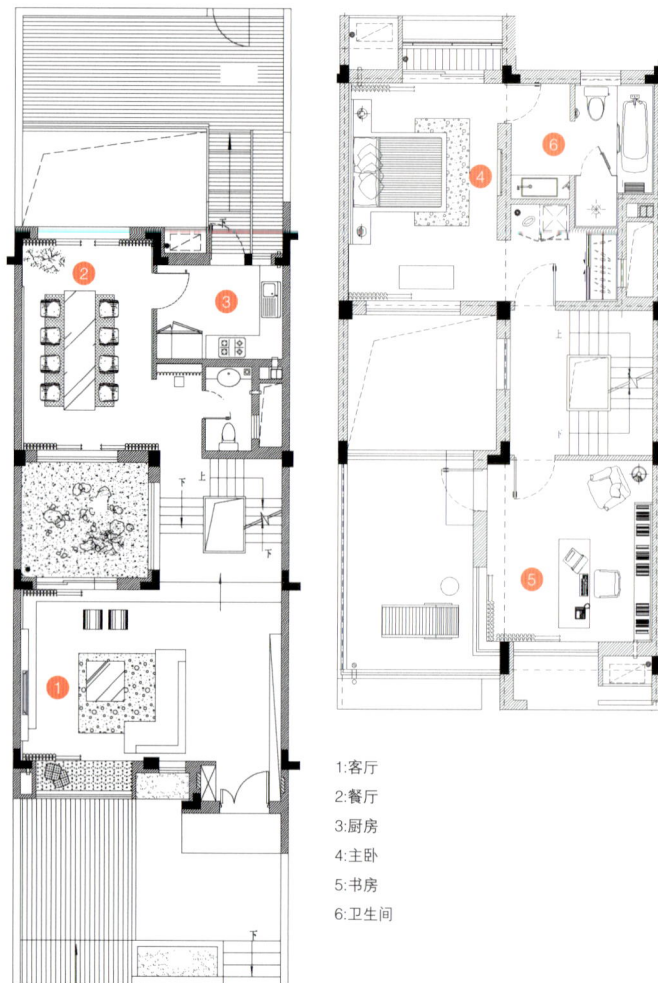

1:客厅
2:餐厅
3:厨房
4:主卧
5:书房
6:卫生间

左1:木色墙面上挂一幅画，一下子就改善了墙面的单调
左2:书房选择落地窗，自然光充足
左3:简洁的卫生间
右1:卧室简单中透着华贵
右2:雍容华贵的主卧室

241

设计单位:达观建筑室内设计事务所   设计:凌子达、杨家瑀

Venice of the East Villa

东方威尼斯别墅

面积:400m² 主要材料:柚木、橡木地板、马来漆、西班牙米黄、黄洞石、拉丝不锈钢、有色玻璃、皮革   工程造价:100万元   坐落地点:福州

本案的建筑规划把生活空间分成了二块,中间采用玻璃盒的楼梯做了两块区域的连接。玻璃与穿透性是这个建筑的特色，这个特色还延伸到了室内设计中。

在室内空间设计中,主体以墙面整体性为主,然后做几何性的分割。在一楼的后半块当中有厨房、餐厅、书房等功能分区,希望打通做一整体结合。厨房改为一个开放式的，与餐厅之间做了一个吧台，可以是将来生活的重心。将餐厅和书房的砖墙打掉，改为用玻璃做的一个隔间墙，这样一来在视觉上空间感是穿透的、放大的、本质上又有隔断的功能。

左1:休息区加入很少的配饰，干净利落
右1:大面积落地镜让充足的阳光照射进室内

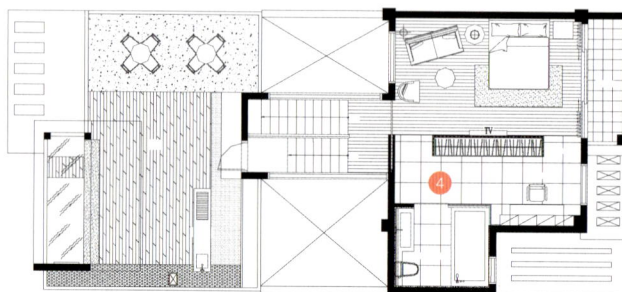

1:客厅
2:餐厅
3:厨房
4:主卧
5:客卧
6:卫生间

左1:镜面的设计丰富了餐厅空间

右1:纯白的厨房

右2:卫生间部分墙面变成玻璃，开放度大大增加

右3:卧室素雅安静

设计单位:丛林设计工作室　设计:丛林

08 Spatial Impression

08空间印象

面积:66m²　主要材料:石膏板、乳胶漆、深色镜片、石材地面、实木复合地板、地毯、墙纸、玻化砖　工程造价:9万元　坐落地点:济南

现代简约的风格，同时又追求沉稳的空间气质。设计基调采用深色，在空间的材质上设计师尽量予以配合以表现时尚的风格，进门运用深色花色墙纸和木质作墙体装饰，围绕楼梯作动态的勾勒描写。起居室之视觉端景台背景采用浅色石材，其目的不言而喻。深色镜片和清玻璃的采用又一次为空间增加了视觉的穿透力，在灯光的烘托下虚实结合。经由二层的过道可分别达到卫生间、主卧室和次卧室延续一层的设计手法，在同色异质的范围内设计师做了大胆的变化，曲线粉色墙纸暗含着主人不拘一格的豪放情怀，细部质感的家私和配饰体现了设计师细心和认真的工作态度。总之，本案为喜欢额外空间及多样性生活的成功人群提供一种完美的选择。

左1:墙面材质尽量配合空间以表现时尚的风格

右1:深色花色墙纸搭配深色窗帘，令客厅雍容典雅

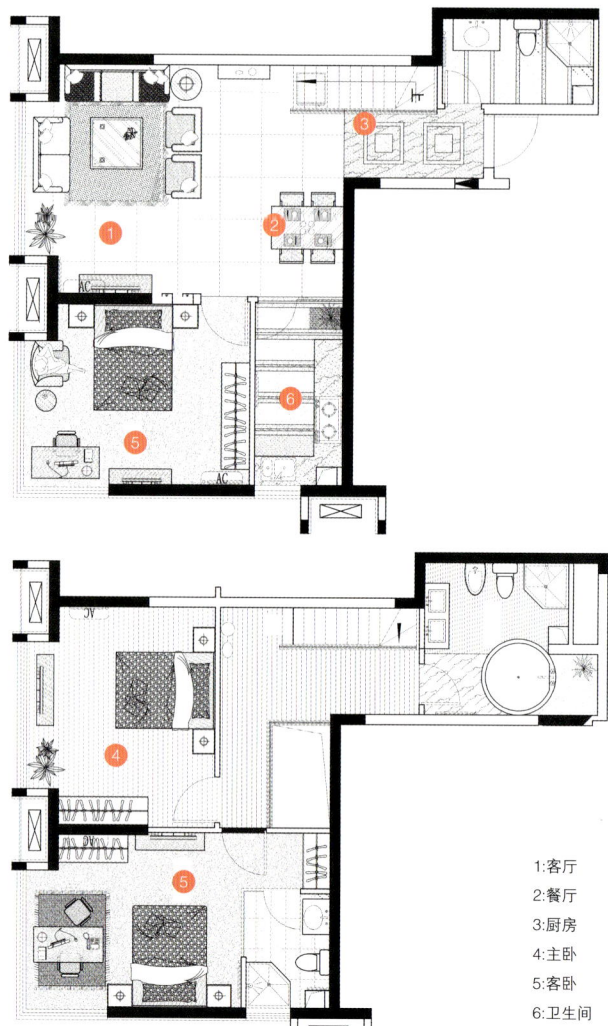

1:客厅
2:餐厅
3:厨房
4:主卧
5:客卧
6:卫生间

左1:餐厅全景

右1:由厨房看客厅

右2:卧室背景板特写

右3:同色异质的主卧室

右4:时尚简洁的卫生间

设计单位:RYB · 三原色建筑装饰设计院 设计:符军

Dialogue with Navy Blue

对话深蓝

面积:163m² 主要材料:人造皮革、大理石、木饰面、实木地板、艺术墙纸、地毯、黑镜 工程造价:52万元 坐落地点:中山

这个家是一个开放的家,最大的特点就是——对话。深蓝是曾经与人对弈的第一台电脑。开放的厨房,开放的书房……甚至是看球赛直播的父亲,都没错过闲聊室中母亲与女儿的话题,人与人的交流,心与心的对话,理应回归,成为家的灵魂……

左1:躺在这样的沙发上看书也是一种享受
右1:纯粹干净的客厅

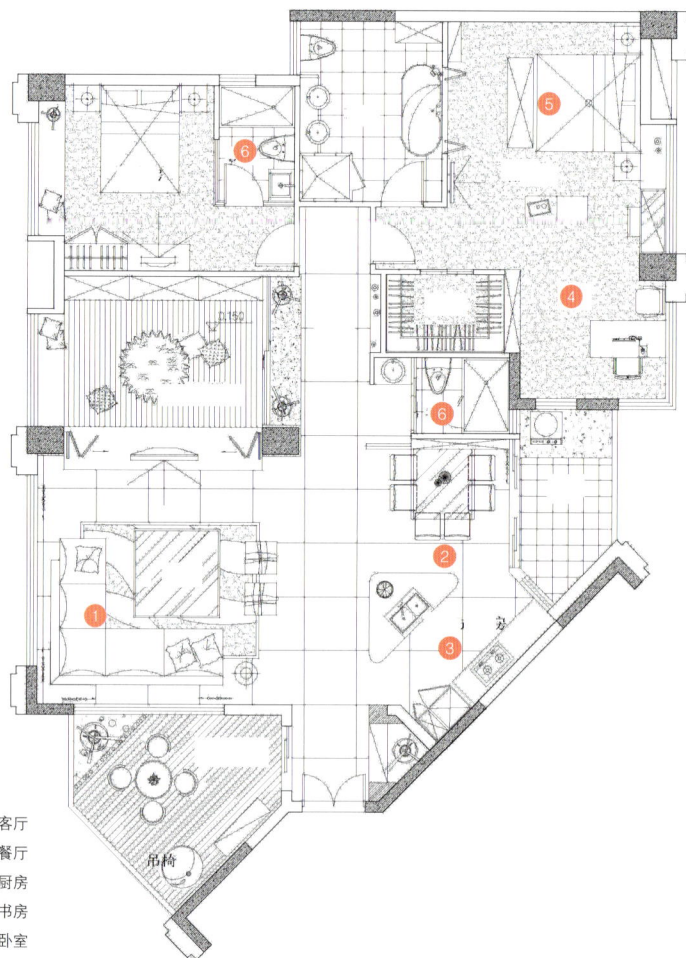

1:客厅
2:餐厅
3:厨房
4:书房
5:卧室
6:卫生间

左1:精致的餐具也会引发食欲大增
左2:不规则的洗手台为厨房平添几分情趣
右1:卫生间一隅
右1:红色的背景墙面对比白色卧床

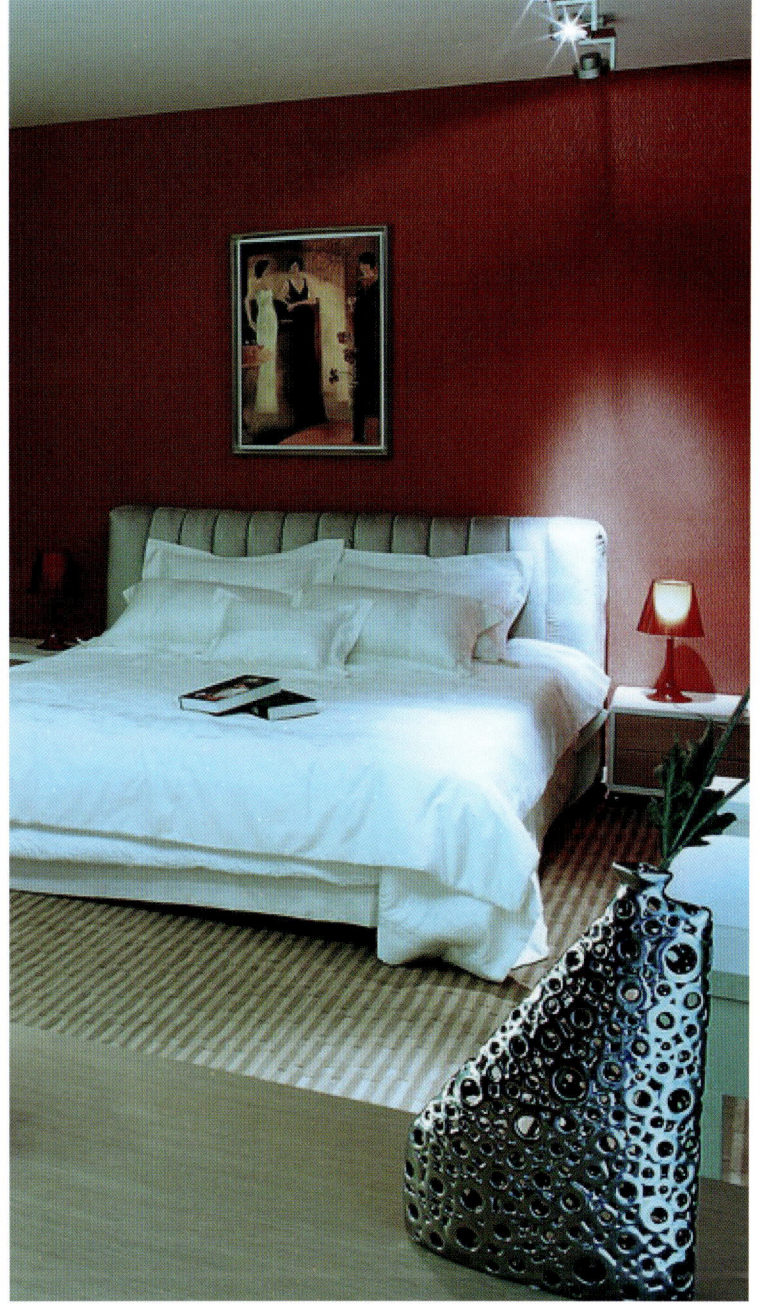

设计:曾建龙

Large Design in Small Space

小空间大设计

面积:73m²   主要材料:橡木、面板、涂料、花岗岩   工程造价:9万元   坐落地点:温州

设计拥有三个房间、厨房、餐厅、两个生活阳台、一个完整的卫生间以及两个储藏间。在入口处设计了一个大面积的书柜放置在空间的最高点,厨房的地方设计了一个天窗,来加强空间的采光点把斜面的视觉破除。把原来的餐厅去掉窗户改造成阳台,餐厅刚好放在通道和厨房之间形成了一个开放式的空间。阳台的门采用折叠的效果,这样一来可以把整个空间形成一体,就像在巴厘岛度假空间的视觉感。通过主卧室和卫生间的门就到了客厅,把原来长形的客厅分割成两个空间,一个客厅和孩子房,客厅很小只有10m²左右,和传统的空间有大的区别。通过对家具搭配设计以及精美的艺术品摆设来强调空间的舒适感。孩子房间运用地台式的布置方式同时在斜面上开了一个天窗,让你躺在床上就可以看天上的星星。卫生间设计了一个24小时自动循环的气窗口,还有完整的卫浴设计,给这个空间添了精彩。主卧室空间的设计运用了酒店式表现方式,同时融入了自己比较喜欢的设计表现元素,这个空间用现代的设计表现手法,运用东方思想和搭配系统。从大空间分割小空间再从小空间去融入大空间,形成了一体的设计表现思想,从而传递了小空间大设计的意念。

左1:利用死角变成书房,设计灵感一触即发
右1:狭长的桌子既可以就餐,也可以在工作时用来画设计图,一举两得

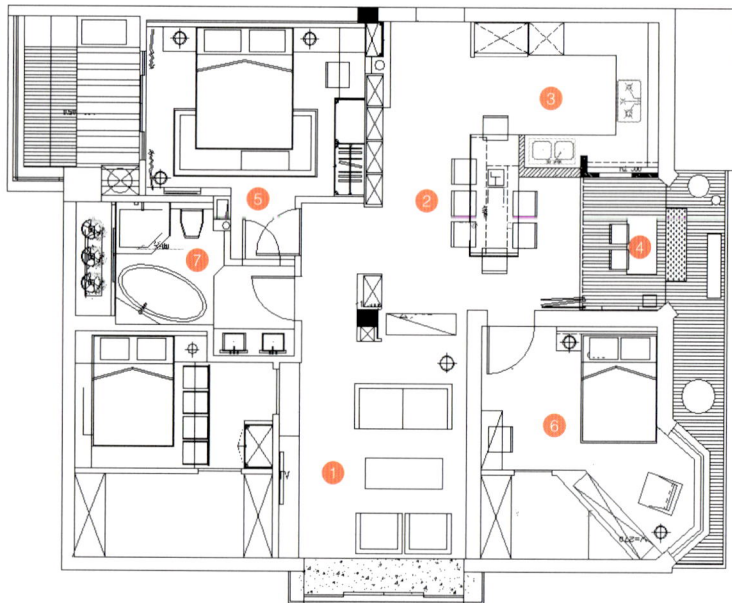

1:客厅
2:餐厅
3:厨房
4:书房
5:卧室
6:客卧
7:卫生间

左1:工作室特写
左2:不规则的厨房也别有一番趣味
右1:卧室简单而温馨
右2:马赛克拼贴的盥洗台

设计单位:丛林工作室　设计:丛林

Xiang Fen Xiao Wu

香氛小屋

面积:50m²　主要材料:石材、复合面板、镜片、乳胶漆、墙纸　工程造价:7万元　坐落地点:济南

整个空间，无论是装修，还是装饰，大多采用色调一致的材质，清新而自然。客厅简洁、现代，和谐的空间里配上极具质感的毛毯，分外跳脱。造型别致的灯罩为不同的空间增添了丝丝乐趣。书房设计简洁大方，让人一走进便静下心来。主卧床头背板设计别具匠心，让色彩延续到顶面，空间节奏顿时活跃起来。

左1:清爽的过道
右1:简洁、现代的客厅

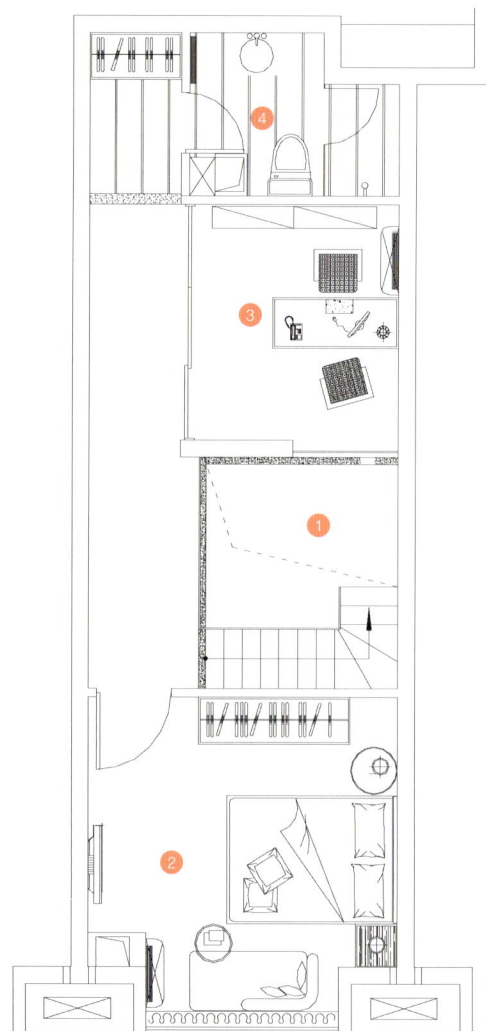

1:餐厅
2:卧室
3:书房
4:卫生间

左1:镜面反射出丰富的空间内容

左2:原木色的书桌和椅子与空间融为一体

右1:清新自然的儿童房

右2:低调大方的主卧室

右3:卫生间干湿区分明显

图片提供:刘金石

White Collar's House

白领家居

面积:130m² 主要材料:镜面、地毯、软包、墙纸、乳胶漆 工程造价:20万元 坐落地点:常熟

设计延续当下流行的时尚潮流主义,微妙的光影和纯粹的材质,以及家具、窗帘、配饰等,无论是色、形、质,都有内在的亲缘关系,构成了统一的视觉空间。除整体风格带来的干净和纯粹感之外,设计的最大可取之处在于娴熟的软装设计手法,细细品味,别有一番情趣。

左1:几本书和几束花诉说着浪漫的故事
右1:大红色的沙发点亮客厅

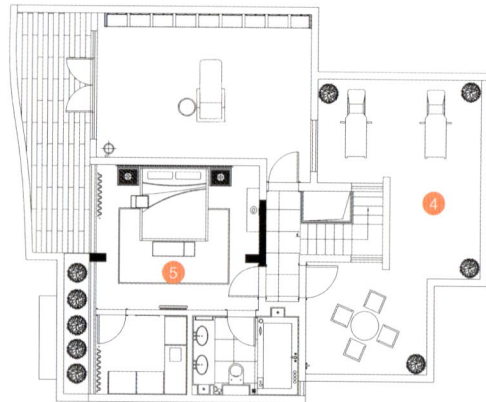

1:客厅
2:餐厅
3:厨房
4:健身房
5:卧室
6:儿童房
7:卫生间

左1:透明的餐桌和餐椅小巧精致
右1:台上的小细部
右2:卧室简单低调

设计单位:深圳朗联设计顾问有限公司 设计:秦岳明

Foam Summer

泡沫之夏

面积:85m²　主要材料:镜面、软包、地毯、马赛克　工程造价:12万元　坐落地点:重庆

由于面积不大,镜面在此次空间设计中占了相当大的比重,然而同样是运用镜子,细微的点睛之笔却能让最终呈现出来的效果大放异彩:大小不一的泡泡无规则的镶在镜面上,让客厅变得活泼起来;曲线流畅的卷叶纹覆在镜面上,让休息区平添几分灵动。

左1:一个小沙发、一个小茶几,空间小品也可以这么富有情调
右1:大小不一的泡泡无规则的镶在镜面上,让客厅变得活泼起来

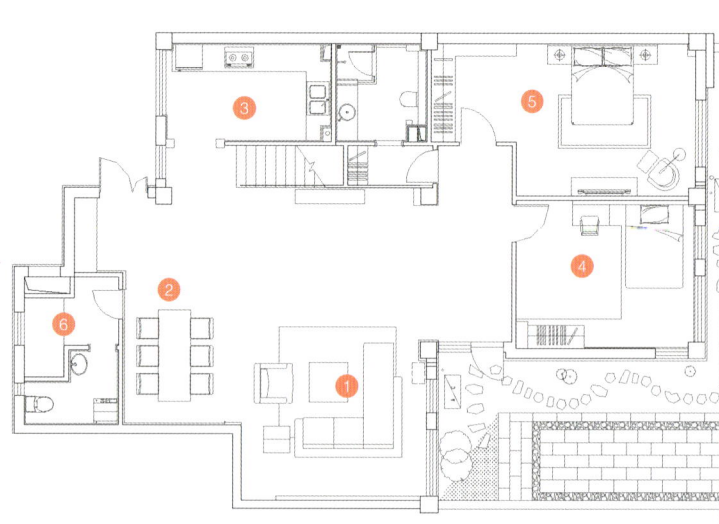

1:客厅
2:餐厅
3:厨房
4:书房
5:卧室
6:卫生间

左1:如梦如幻的客厅

左2:简单的厨房

左3:书房那一张座椅十分抢眼

右1:毛绒绒的床头背板

右2:一块磨砂玻璃确保了些许私密性

设计单位:内建筑设计师事务所

South West

南北西岸

面积:89m²　主要材料:木地板、黑色墙面砖、地毯　工程造价:17万元　坐落地点:杭州

"南北·西岸"位于杭州老城区拱宸桥西,坐拥京杭大运河和红旗河黄金双水岸线,270度的沿河视野,是老城区中罕有的具有一线运河河景的高档楼盘。作为这一高尚人文住区的样板,设计师设计了时尚酷炫和现代清新两种截然不同的风格。黑色挑大梁白色反衬的设计虽司空见惯,但因为恰到好处的色彩分配、精准的动线切割、明暗分明的照明修饰,使得本案依旧能呈现出前所未有的新鲜感。

左1:黑色主打的客厅酷劲十足
右1:背景墙更像一个艺术品展示架

1:客厅
2:餐厅
3:厨房
4:书房
5:卧室
6:客卧
7:卫生间

左1:餐厅客厅以天花板作为区隔
右1:卧室延续客厅的冷峻风格

图片提供:刘金石

Elegance House

典雅居

面积:146m²　主要材料:进口石材、镜面砖、纸面石膏板、玻璃、壁纸、枫木面板、乳胶漆　工程造价:22万元　坐落地点:郑州

本案以暖色为基调,客厅和餐厅之间欲隔实合,使空间感得以延伸,半人高的墙面区分了空间的使用功能。餐厅比较简单,然而因为个性化壁纸的使用,依旧活泼生动。卧室与主卧卫生间隔开,主人希望一旦走进卧室,就抛开一切杂乱无章,真正达到身心放松的目的。

左1:精致的配饰装点家居
右1:客厅的天花板设计别具一格

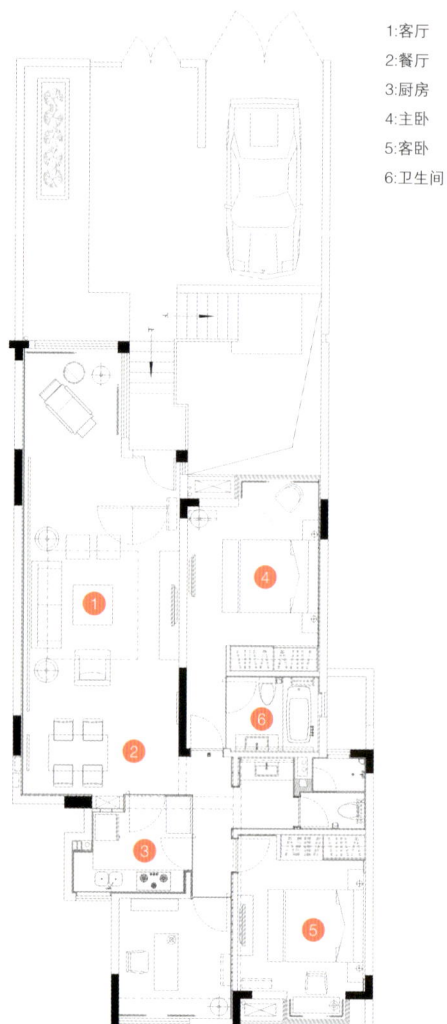

1:客厅
2:餐厅
3:厨房
4:主卧
5:客卧
6:卫生间

左1:设计细部一瞥
左2:个性化墙纸带来的设计惊喜
左3:精致的配饰诠释品质生活
右1:卧室尽显低调大方
右2:电视柜也是书桌,一物两用
右3:一簇微黄点亮一个空间

图片提供:陈乙

Butterfly Park

西溪蝶园

面积:220m²　主要材料:大理石、镜面、乳胶漆、墙纸、复合地板　工程造价:35万元　坐落地点:杭州

好的室内设计首先取决于平面布局的科学性、合理性和实用性。这套设计中,私密度较高或应该保持安静的功能间统统安排在二楼,厨房、餐厅、客厅等居于一楼。客厅旁边的阅览区用于主人闲暇时读览报纸杂志,顶部可调节吊灯能按照不同需要变换方位。整套样板房的最终设计几乎不着痕迹,但色彩、用材、照明等分明让人感觉舒适。

左1:休息区一角
右1:客厅和书房同在一个大区域

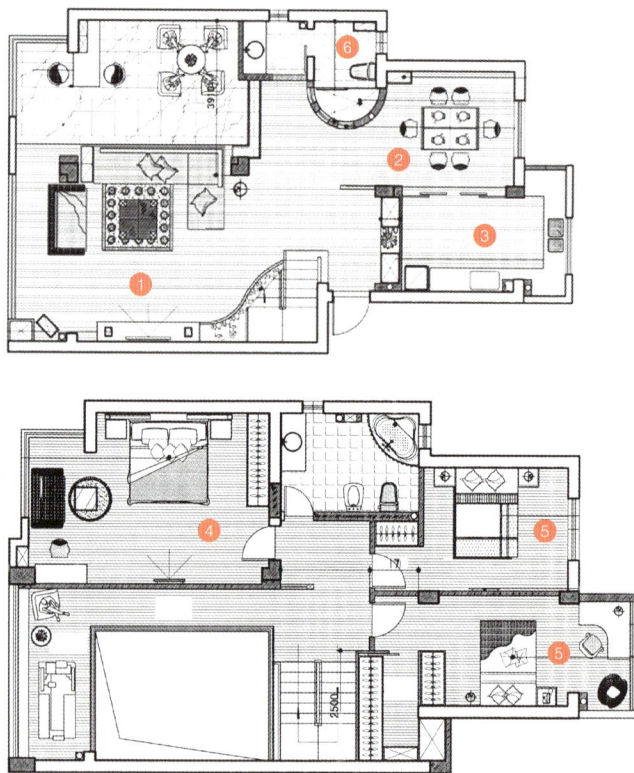

1:客厅
2:餐厅
3:厨房
4:主卧
5:客卧
6:卫生间

左1:餐厅取地楼梯拐角,充分利用空间

右1:厨房全景

右2:黑白搭配的卧室永不过时

右3:卫生间简单温馨

设计单位:丛林工作室 设计:丛林

Jinan apartment

济南公寓

面积:52m² 主要材料:强化玻璃、墙纸、复合地板、乳胶漆 工程造价:7万元 坐落地点:济南

这种复式挑高的住宅形式往往能激发设计师前所未有的设计灵感。动线的贯穿和递进丰富了空间层次,冷色调的主打诠释了一种近乎纯粹的冥想境界,玻璃的随意出现令空间浑然一体。

左1:过道因镜面的加入显得通透
右1:穿过楼梯栏杆俯视客厅

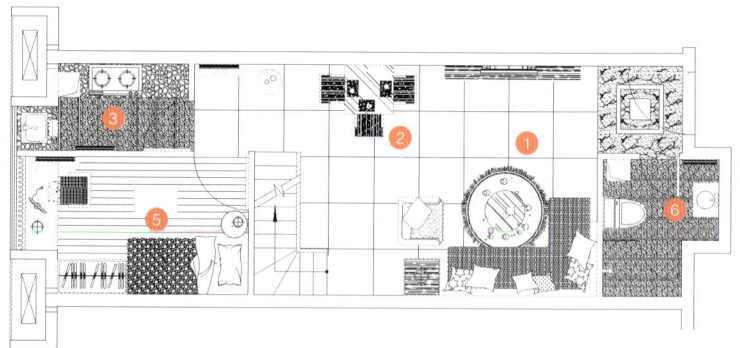

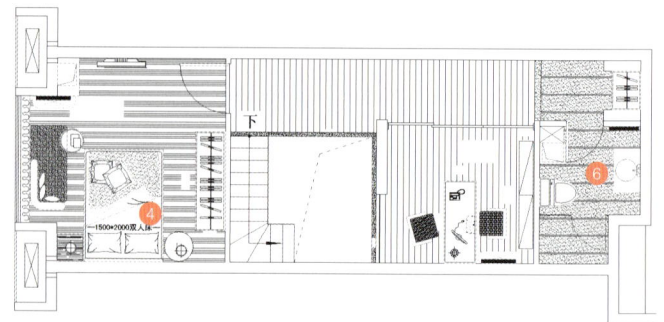

1:客厅
2:餐厅
3:厨房
4:主卧
5:儿童房
6:卫生间

左1:简洁纯粹的厨房
左2:深色墙纸包围的书房
右1:片片枫叶共筑一帘幽梦
右2:不同材质的墙面划分卧室内部空间区域
右3:浴室极尽简洁，功能至上

设计:孙天文

Great man's Mansion

贵胄府邸

面积:360m²   主要材料:石材、皮革、皮革压花、木材、乳胶漆、茶镜   工程造价:86万元   坐落地点:苏州

其实,做中式风格方法很多,但真要做出韵味来并非易事。在空间框架基本被限制的基础上,设计师索性省略了任何阻挡视线的墙,取而代之的是经创新改良后的开放式屏风,这样一来,各个功能空间和谐得就像一个整体。步行于室内,会不断被细微的配饰所吸引,当一个又一个惊喜刺激人的眼球的时候,它自然而然会传达给大脑这样的讯息:这是一个具有深厚的中式风韵的设计作品。

左1:几何形体经再创造后变成开放式屏风

右1:中式客厅散发出贵胄风范

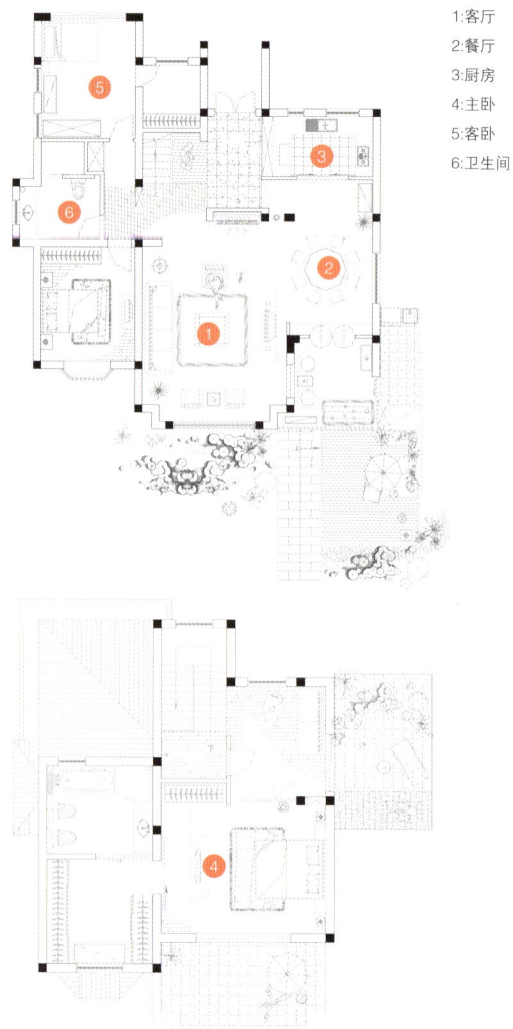

1:客厅
2:餐厅
3:厨房
4:主卧
5:客卧
6:卫生间

左1:现代与古典的完美结合
左2:开放式的书房
右1:大面积落地窗引入了充足的室外光线
右2:浴室依然需要重视绿化

设计单位:深圳朗联设计顾问有限公司　设计:秦岳明

Chinese Style

静雅中式风

面积:146m²　主要材料:实木地板、涂料、地砖、青砖　工程造价:21万元　坐落地点:柳州

主人酷爱中式带给人的古朴、淳雅之感。木质和文化砖的使用首先就为整个空间奠定了合适的基调。客厅面积较大,为了不显空旷,设计师精心挑选了一些极具中国特色的配饰,如梅花屏风、梅花靠枕、鸟笼、陶俑等,张弛有度的空间装饰尽显低调的尊贵。书房是本案的最大亮点之一,笔墨纸砚的一应俱全散发着浓郁的书香之气,坐在其中即便不看书也未尝不是一种享受。卫生间里灰色墙砖和地砖素净、清爽。卧室色调偏暗,几乎不设主光源,浪漫柔和的光影带给人一份静静的惬意。

左1:笔墨纸砚一应俱全的书房散发着浓郁的书香之气
右1:梅花图案的屏风和靠枕极具中式风韵

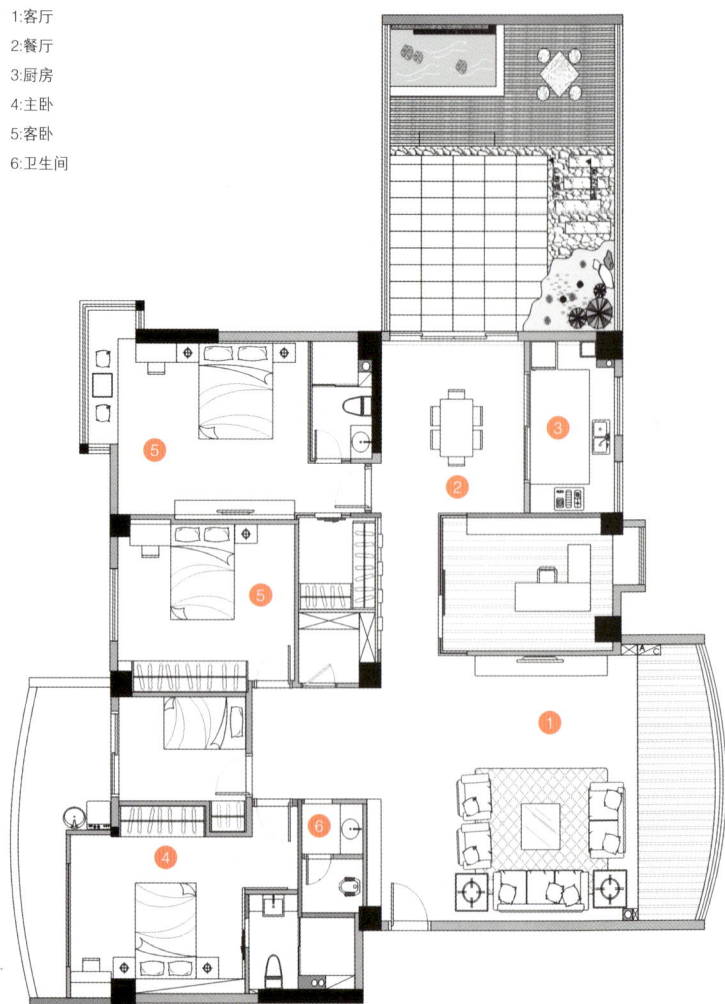

1:客厅
2:餐厅
3:厨房
4:主卧
5:客卧
6:卫生间

左1:古朴的餐厅

右1:安静惬意的卧房

右2:灰白色调的卫生间素净清爽

设计单位:锦华装饰　设计:张笑

Pure East

东方纯粹

面积:320m²　主要材料:大理石、软包、地毯、实木地板、墙面砖　工程造价:50万元　坐落地点:南京

本案业主为成功的企业家,风格定位是优雅的新古典中式。特别强调空间的文化品质,所以用改良的手法把中国文化演绎得恰到好处。古典与现代在一个空间里和谐共存,空间内敛而不张扬,低调奢华的气息扑面而来。设计师不仅通过荷花这个主题来演绎中国文人的清高,也寄寓了家"荷"万事兴的美好祝福。

左1:仪态雍容的中式人物塑像
右1:背景墙上的荷花图案寄托了家"荷"万事兴的美好愿望

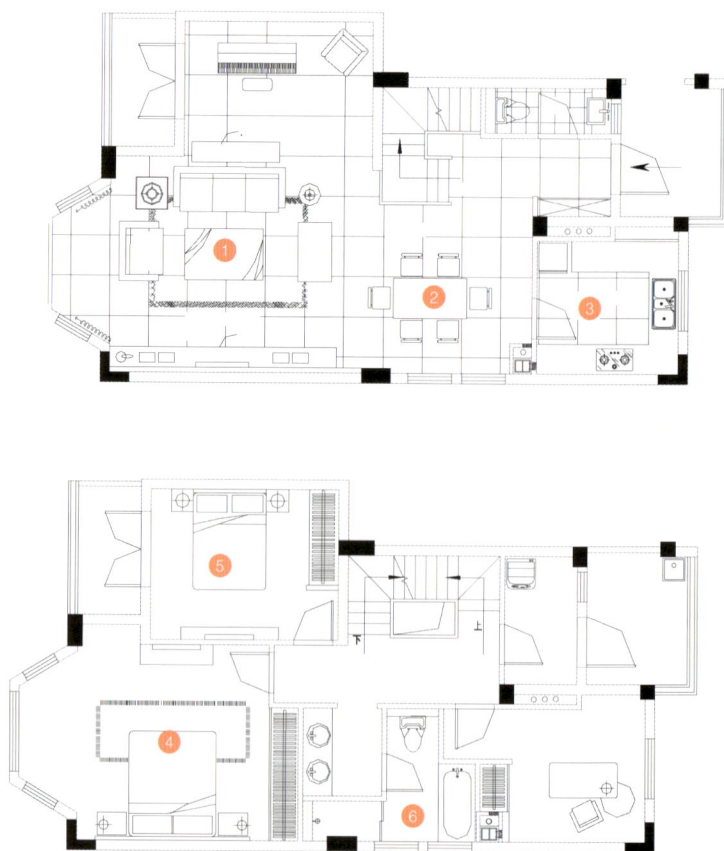

1:客厅
2:餐厅
3:厨房
4:主卧
5:客卧
6:卫生间

左1:古典与现代在一个空间里和谐相处
右1:充满低调和奢华气息的卧房
右2:红色吊灯从传统红灯笼演变而来
右3:浴室一角

设计单位:深圳秀城设计　设计: 陈 颖

Feng Lin Hua Yu

风临花语岸

面积:120m²　主要材料:乳胶漆、原木、木格栅、地砖　工程造价:18万元　坐落地点:东莞

这是一个有中式意味的样板房,这里主要通过"让彼空间进入此空间视线"的方式
来实现。虚隔的书房是视觉中心,但又是一个模糊的焦点,进门之后,打开大推拉
门,从廊、厅、入户花园三个部分的空间均可看得到书房,步移景换,语言相对较
为节制,创造新中式的概念。

左1:空间隔而不断
右1:端庄大气的客厅

1:客厅
2:餐厅
3:厨房
4:主卧
5:客卧
6:卫生间

左1:从客厅到餐厅线路流畅

右1:虚隔的书房成为视觉中心

右2:中式窗格带来盎然古韵

右3:视觉效果丰富的卧室

设计: 陈幼坚

Vanke Villa

万科别墅

面积:420m² 主要材料:木材、石材、乳胶漆 工程造价:85万元 坐落地点:香港

设计将东方空间意境和西方设计风格发挥到极致。以传统印象江南为原型,选用传统黑、白、灰,及传统的植物绿、中国红等色彩为设计素材,用一贯的"东情西韵"设计风格,营造东方空间的超凡境界。设计构思巧妙,将博大高深的中国文化及传统工艺元素,用明快清晰的现代设计技巧进行铺排,简洁、大方。深远和传统的中国文化通过现代设计技巧的注入和重新演绎,创造令人惊喜的感官效果。

左1:通道
右1:背景墙的灵感来源于传统的印象江南

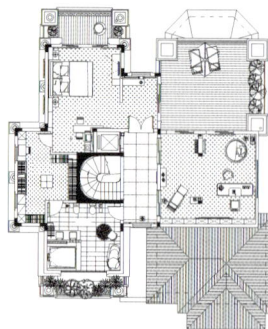

1:客厅
2:餐厅
3:厨房
4:主卧
5:客卧
6:卫生间

左1:餐厅设计颇具清雅悠远的佛门意境

左2:将传统中式元素用明快清晰的现代设计技巧进行铺排

左3:卧室简洁大方

右1:儿童房色调简朴又不失童趣

右2:卫生间一角

设计单位: 戴勇设计师事务所　　设计:戴勇

Hua Er Deng

华尔登府邸

面积:260m²　主要材料:黑桃木、金属、玻璃、大理石　工程造价:56万元　坐落地点:深圳

设计利用现代手法和材料，运用不同元素来表现空间的简约，木扇、镜子、玻璃、
金属的适当运用在此空间中表现极为突出，将客房改成开放式书房，采用可旋转的
传统木格门扇加以现代演绎，可开可合，书香门第的感觉扑面而来。而客厅浅色调
的背景墙与镜子相得益彰，延伸了人的视觉，并增加了空间的层次感和多功能性。
玄关旁的设计以凹槽的形式加以饰品点缀，别具匠心。家具、雕塑共同烘托出浓郁
东方文化的氛围。餐厅与卧室之间的隔墙处理手法亦同，全室以米白、淡黄和深浅
色原木铺设，均在满足了采光采景同时，力求表现出东方的居住环境，加强空间的
交流性。主卧室用传统的修纹实木式吊顶与木格门扇交相辉映，营造出温暖与低调
奢华的私人氛围。客房则浓缩了每一处空间，特别是壁柜的设计，充满简约而时尚
的居家风格。

左1:饰品点缀，别具匠心
右1:可旋转的木格门扇分割书房和客厅

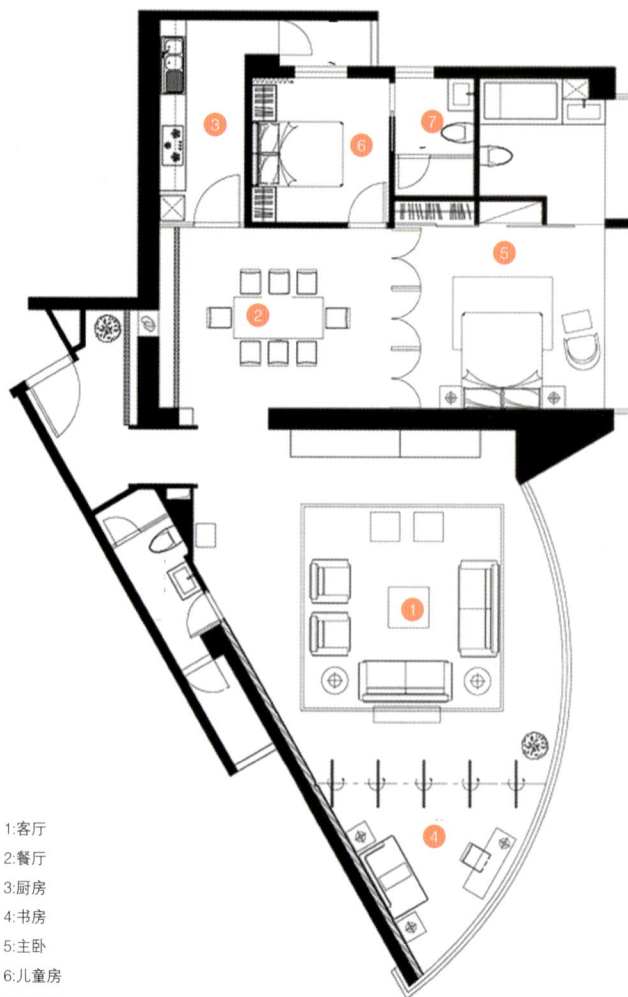

1:客厅
2:餐厅
3:厨房
4:书房
5:主卧
6:儿童房
7:卫生间

左1:文雅的餐桌
右1:餐厅与卧室之间的隔墙处理，可开可合
右2:卫生间

设计单位:RYB·三原色建筑装饰设计院　设计:符军

Lingnan Family

岭南世家

面积:147m²　主要材料:火烧面麻石、清水泥板、鹅卵石、柚木饰面、实木雕、实木地板、墙纸　工程造价:22万元　坐落地点:珠海

在整个设计里，设计师通过表现一个空间的穿透性来展现一种巴厘岛度假空间。演绎了一个充满亚热带风情而又蕴含着浓郁文化气息的温馨处所。力求通过材质、色调和软配来营造一种放松的家居氛围。

左1:空间小品展示
右1:中式味浓厚的客厅

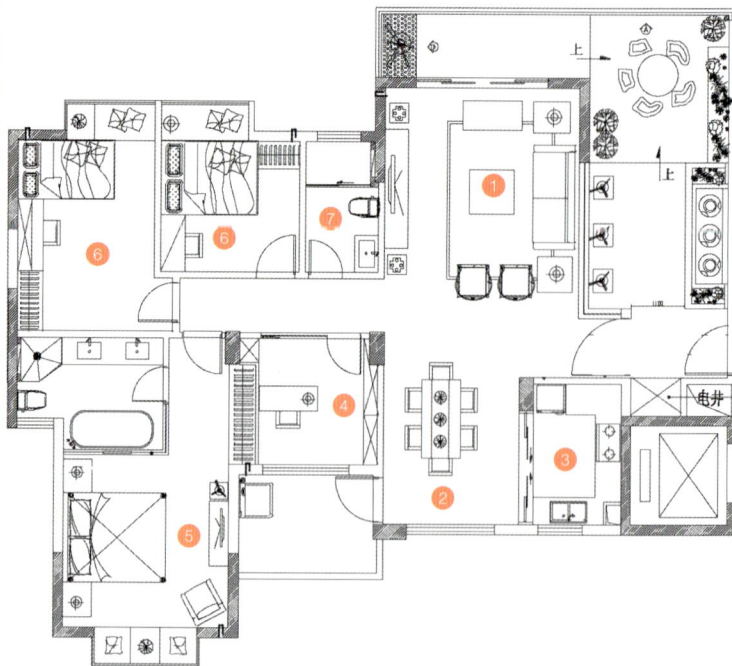

1:客厅
2:餐厅
3:厨房
4:书房
5:主卧
6:客卧
7:卫生间

左1:古色古香的餐厅配饰
左2:书房在细节处彰显中式韵味
右1、右2:古韵悠长的卧室
右3:马赛克拼贴的卫生间简洁大方

设计单位: 戴勇设计师事务所　　设计:戴勇

Land Sea

朗诗

面积:185m²　主要材料:黑桃木、环保乳胶漆、玻璃　工程造价:30万元　坐落地点:苏州

本案是精装修交付标准，总造价需要控制在一个较低的水准，而我们又决意做一个富有思想的作品来对美丽的苏州表示致敬。经过反复的思考，最终决定用一种现代简约的表现手法去描绘当地文化，在一个带有现代科技系统的楼宇里去表达对苏州的情感记忆。

无矫饰的墙面、过杂的线条造型，只利用中灰色和浅灰色的乳胶漆对整个空间的墙体加以主次的区分，清新宁静，再用简单而又十分巧妙的灯光效果，迎合了苏州的淡雅宜人。为配合这个主题，设计师精心策划的艺术陈设设计，各类饰物的材质与图案元素都是取之于现代苏州，然后再进行国际时尚化处理，看似漫不经心实则意韵深长。特别是以苏州摄影题材为主的黑白艺术画作，点明整个意境的主旨，使置身其中的人将整个蒙尘的身心都交付给这分淡然，景有尽，意无穷。

左1:灰色调的墙面使空间显得清新而宁静
右1:各类饰物的元素取材于美丽的苏州

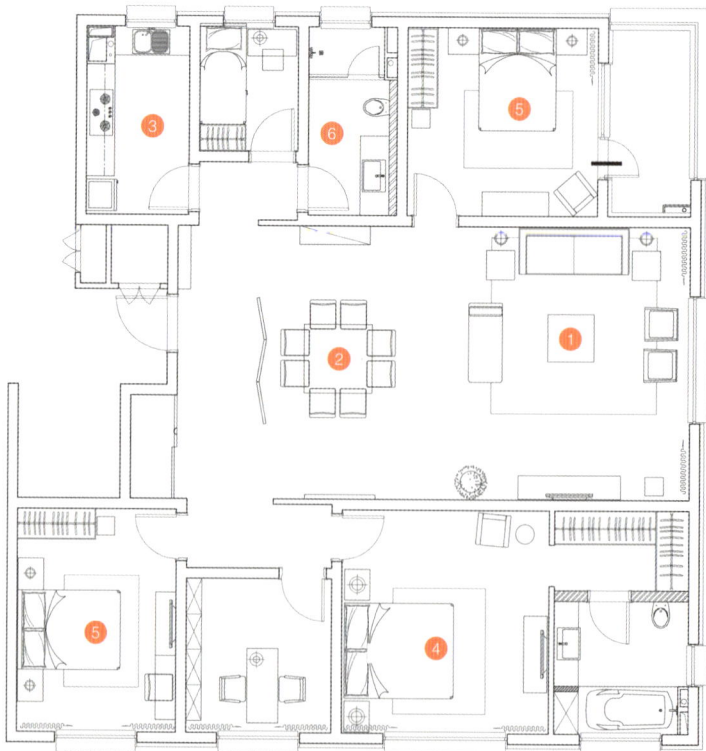

1:客厅
2:餐厅
3:厨房
4:主卧
5:客卧
6:卫生间

左1:半开放式屏风既区隔了空间，也装点了居室
右1:书房的家具选择可圈可点
右2:卧室走简洁路线
右3:卫生间也是素雅的

设计单位:上海高迪建筑工程设计有限公司　设计:史南桥

Riverside Garden

滨江花园

面积:171m²　主要材料:柚木、玛雅米黄、洞石、马赛克、细麻壁纸　工程造价:50万元　坐落地点:福州

进门玄关屏风与楼梯台阶的组合清晰地分割出了空间的层次关系。由于二层楼板梁结构的占据，使得一层客厅空间不够理想，因此，设计师将沙发背景墙造型延伸至二层楼板，使沙发主墙面完整、大气。墙面贴镜、前置花格移门拉伸空间，木华哥移门造型的屏风纹样贯穿整个设计，成为细节处的点睛之笔。利用楼梯底部的空间，客卫与佣人房被安排在此，故把餐厅的位置设置在了二层。楼梯与挑空的位置间放置一张六人桌，使主人用餐之余还可俯视客厅与室外露台的风景。厨房大幅的通透玻璃使空间更宽敞、明亮。

二层主人房功能配置齐全，主卧进门位置前移，缩短了公共走道区域，形成了内玄关的区域，使之区域划分更合理。本案原建筑的二层只配置了两间客卧，在空间合理的前提下，我们增加了一间书房与卫生间，如此三个房间配置一个卫生间的功能就很齐全。

左1:精致的细部
右1:木格栅围合出一片天地

1:客厅
2:餐厅
3:厨房
4:书房
5:主卧
6:客卧
7:卫生间

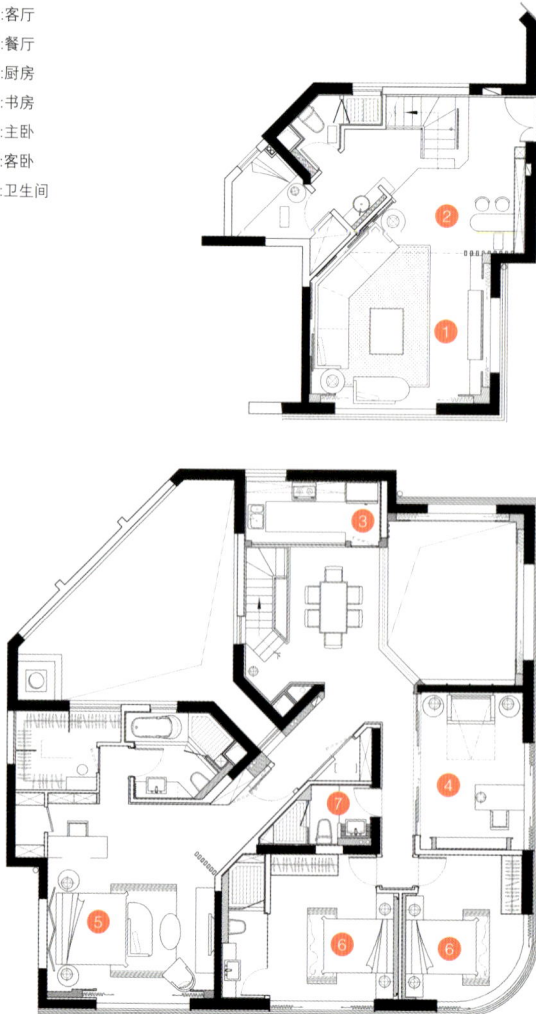

左1:餐厅一角
左2:书房尽显华丽
左3:开辟一个小区作为盥洗台
右1、右2:内敛沉稳的卧室

设计:谭精忠

Silver Lake Villa

银湖别墅

面积:750m²　主要材料:灰姑娘大理石、橡木染灰木皮、复合地板、透光雪花云石、洞石、青石片、中国黑石烧面　工程造价:130万元　坐落地点:上海

一楼进入屋内运用单纯墙体,视觉端景则为穿透性双面柜墙,经由玄关做向左向右的动线区隔,客厅挑高的斜屋顶运用实木板铺贴,保留檐梁结构,主墙壁炉选用透光雪花云石,清新怡人,不让偌大的客厅感觉空旷,落地窗外的水景瀑布,水声潺潺传进室内。餐厅坐落于接待客厅及起居室的中间地带,双进双出的移门设计让空间既开阔又私密。起居室前区开挖了一趋坑式饮茶区,坐进其里榻上望花园的视线已接近地平线,仿佛置身山间洞里与世间纷扰隔绝。位在一楼及二楼之间有个空间类似夹层,却有着挑高的空间气度,此处规划为全家人的书房,用做小孩家教上课处及练琴室。二楼属于私密的睡眠区,规划为主卧室、更衣室、女孩房。地下B1楼规划为休闲娱乐区、视听室、客房、SPA区、佣人房及工作区。视厅间的落地窗前院是开挖出来的,为了引进更多的光线进入室内,避免先天采光不足的地下室过于潮湿黑暗,此开挖出来的区域也作为晒衣工作区。

左1:过道
右1:大面积的落地窗使得空间通透

1:客厅
2:餐厅
3:厨房
4:书房
5:主卧
6:客卧
7:卫生间

左1:摒弃一切配饰，回归简单
右1:卧室清爽整洁
右2:书房一如既往的干练
右3:马赛克拼贴的卫生间冷峻、时尚

设计单位:MoHen Design International　设计:赵牧桓

Space Winding

蜿蜒的空间

面积:180m²　主要材料:大理石、锈铁、实木雕刻、玻璃、珍珠板、椰壳板、氧化镁板　工程造价:36万元　坐落地点:上海

在这次的方案里,总的平面靠着完整流通的回廊过道串起了各个空间——玄关、次卧、主卧、餐厅、书房、客厅,一个完整可循环的过渡空间。从入口大门开始,刻意地将空间横向和纵向的进深拉高,形成了一个视觉上很深很高的玄关,让原本建筑上窗户的节奏裸露出来并和厨房餐厅的主轴线产生对位上的连接关系。客厅除了把阳台连接进来作为更大的场景,也跟书房又做了一次结合。餐厅和厨房以及酒吧台都被组合起来,不仅是视觉上的组合,包括功能上都加以更细腻地整合在一起。主卧在这次的安排里也是比较有趣的,我们刻意地把更衣室不做独立的区域划分,只把床后面加高稍微加以界定而已,主卫的方形框架把浴室架撑起来,让浴室像是一幅画,把中式建筑里的拱门框构用另一种方式表现出来,公共回廊通往主卧则是以藤蔓枯枝作为主卧、儿卧和公共空间的枢纽。

左1:精致的细部展示
右1:深沉内敛的客厅

1:客厅
2:餐厅
3:厨房
4:书房
5:主卧
6:客卧
7:卫生间

左1:灯的造型也能如此特别

左2:不锈钢的厨具很有质感

右1:简单两幅画就成全了一个卧室

右2:简单的卫生间

设计单位: 戴勇设计师事务所   设计:戴勇

Tashan Villa

他山别墅

面积:415m² 主要材料:黑桃木、金属、玻璃、大理石 工程造价:86万元 坐落地点:深圳

设计吸取东方古典空间曲径通幽的手法,对平面布局做了较大的调整。步入玄关,明朝的椅子被前卫手法改装,没有了老套刻板,珠帘隔断,时尚而又带神秘感。客厅没有繁琐的造型,简洁明快的整体下是现代感十足的布置,清爽而饱满,各种中式元素始终贯穿整个空间。独立的茶室让人印象深刻,如同在讲述生活的意境不是终极,它是让心灵到达喜悦时空所呈现的层次。

每一个房间所用墙纸都不同,缠枝、雀笼、花纹、水纹,中式装饰纹理让人备感舒适。别出心裁地把外国人对中国的研究,贴到中国人的房间里,浓情盛世中的自豪。而故意磨花的木地板,让人一进去就有家的味道还有时间的沉淀,再把以前摆在院子里厚重的青花凉墩,时尚化成流行的雪白骨瓷,摆到卧室当中去笑傲时代发生的变化。

左1:璀璨的珠帘隔断带来几分神秘感
右1:独立茶室讲述生活的意境

1:客厅
2:餐厅
3:厨房
4:书房
5:主卧
6:儿童房
7:卫生间

左1:明朝的椅子用前卫手法改装
左2:不同房间采用不同纹理的墙纸
右1:银色镂空床头板别具一格
右2:小处见细节的洗手台

设计单位:一帜环境艺术设计有限公司　设计:李仕鸿

Oriental Rose

东方玫瑰

面积:148m²　主要材料:柚木饰面板、玻璃、镜、墙纸　工程造价:22万元　坐落地点:汕头

本套样品房体现的是一种简约而带禅意的意蕴,似曾相识的元素赋予全新的诠释。客厅中深褐色大面积封板和深紫色的墙纸,深咖啡色的家俱,经过白色的天花板和地面的反衬,视觉对比效果强烈,而浅色的奔马和置于低柜上的小块白衬板挂画于深色背景中更显画龙点睛,深紫红色的布帘使环境柔化,体现一种高品位格调。书房通过双开门与客厅相连,使视线自然延伸,并让空间感觉更宽敞,没有过多的装修,有的只是家具及饰品的软配置,二次光藏于书架及低柜下,空间变得通灵和富有情趣。餐厅两幅推拉门掩藏了卫生间和客人房的入口,并与中间的挂画形成一整体的造型效果,可谓化腐朽为神奇。紫红色的窗帘让空间有了生气,圆形天花池虽无特别之处却也恰到好处,某些中式意韵蕴含其间。卧房利用略为深色的墙纸统一整个床后背,妆镜与后背造型连成一体,通过镜、挂画及深色木板,使环境整体而有细部,并统一协调于整个氛围。

左1:玄关
右1:深色背景中更显画龙点睛,深紫红色的布帘使环境柔化,体现一种高品位格调

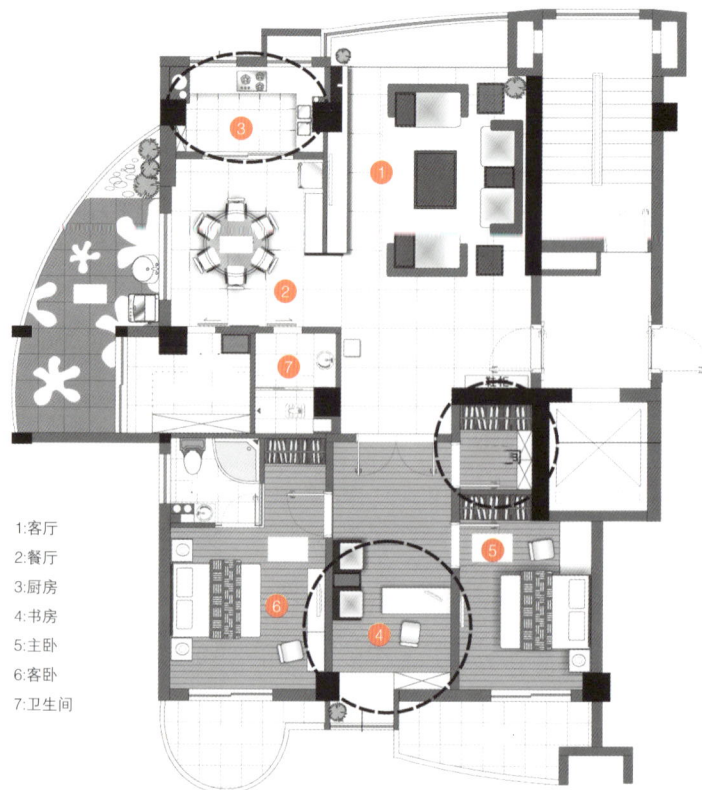

1:客厅
2:餐厅
3:厨房
4:书房
5:主卧
6:客卧
7:卫生间

设计单位:一帆环境艺术设计有限公司   设计:李仕鸿

Golden Home

金色家园

面积:165m²   主要材料:红樱桃饰面板、玻璃、镜、墙纸   工程造价:30万元   坐落地点:汕头

设计师以一种来自古典类似于花叶的图案,通过不同材质,如玻璃、墙纸、镜贯穿于同一空间,使空间有连续性,玻璃、镜的硬朗光亮与皮革、布艺的柔软、深咖啡木作与白色乳胶漆、抛光砖,形成质感和色彩对比。用玻璃与镜制造展示效果和空间感觉,用深红色的窗帘以及深咖啡木饰面,体现一种实在与典雅。

陈设品中有硬朗质感的不锈钢花瓶体现现代,也有仿出土文物的陶马,有来自东南亚的锡器,也有来自海洋的螺壳,无一不经过设计师的精心挑选,并且摆在恰到好处的位置,体现品位和文化。挂画有定制的油画,也有黑白的摄影作品。如此摆设毫不凌乱,反而视觉效果很丰富,这体现设计师的一种功底、一种把握,多一点太挤,少一点太空,恰到好处。其实饰品内容并不重要,重要的是由此而形成的整体气质。

左1:休闲区一角
右1:玻璃镜面从视觉上扩充了空间

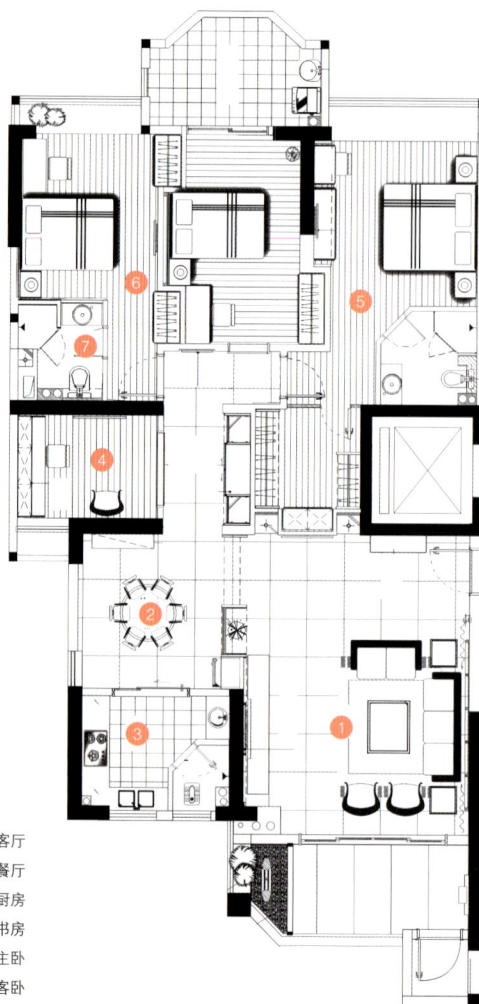

1:客厅
2:餐厅
3:厨房
4:书房
5:主卧
6:客卧
7:卫生间

左1:开敞式的空间
左2:简单的书房
右1:明亮的卧室

设计:刘卫军

Zang Qing Ting Ju

藏清亭居

面积:150m² 主要材料:进口深啡网、法国木纹石、文化石、泰柚木饰面、马赛克、墙纸 工程造价:22万元 坐落地点:深圳

本案项目定位为45岁左右对生活有品位、有要求的成功人士,因此开发商对设计要求奢华、有厚重感,体现居住者身份、地位的豪宅气派及生活品位。所以我们将本案定位为现代中式风格,力求通过中国东方文化元素,在有限的空间里营造舒适、休闲、品位的居家生活环境。

当踏入门厅,入户花园的山、水、竹林、木雕,给人以世外桃源的感受,宫灯、鸟笼、古井、枯枝、茶具、青砖……无不体现东方的神韵。枯井的形式采用现代功能的手法,透过玻璃制的镜面看到游水的鱼儿。客厅在布局上用现代手法演绎古典韵味,在对称均衡中寻求变化,增强空间层次感。在色彩上通过家私、饰品等的对比来表现细节,使空间不显沉闷和单调。运用现代材质,使整体景象的创造力求作到:熟悉中有新意,协调中有变化,平淡中有味道,古典中有现代时尚的元素。

左1:古色古香的细部
右1:木格栅的顶面透光性好

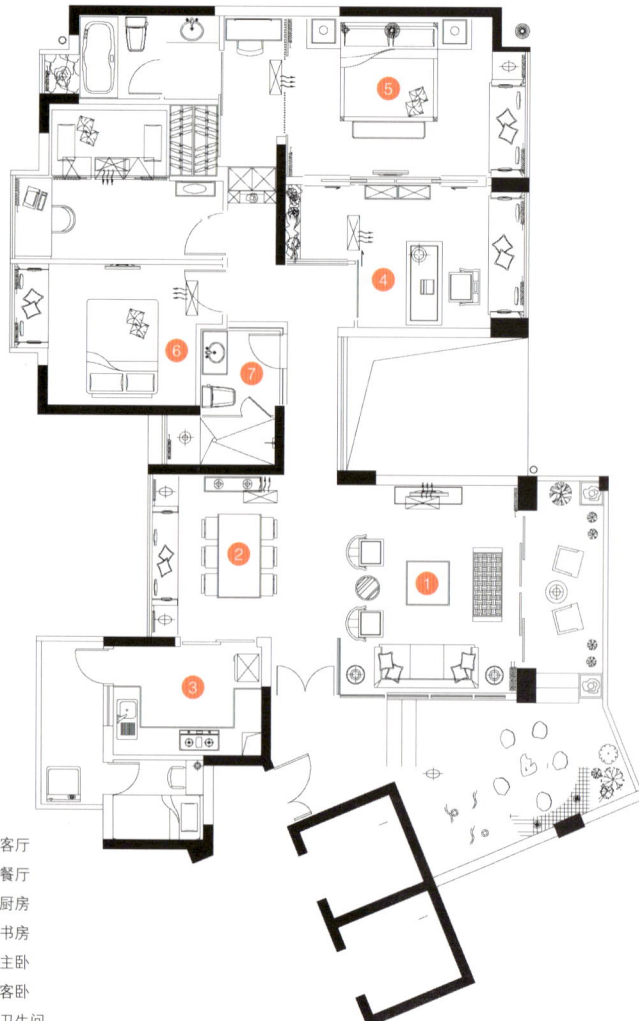

1:客厅
2:餐厅
3:厨房
4:书房
5:主卧
6:客卧
7:卫生间

左1:很规整的餐厅
左2:书房的背景墙面很具中国味道
右1:光影下的卧室很有味道
右2、右3:卫生间

设计单位:深圳秀城设计　　设计:陈 颖

Phoenix Valley No.1

凤凰谷1号

面积:350m² 主要材料:灰色麻石、安卡拉米黄云石、手绘墙纸、檀木饰面、不锈钢、黑檀实木地板 工程造价:53万元 坐落地点:深圳

本案为凤凰谷内第一栋联排别墅。应用了自然纹理的重现、手绘的花鸟画、金属钢通栏杆等新颖的做法来显示"新中式"别墅的理念。

左1:精致的茶具
右1:夺人眼球的细部

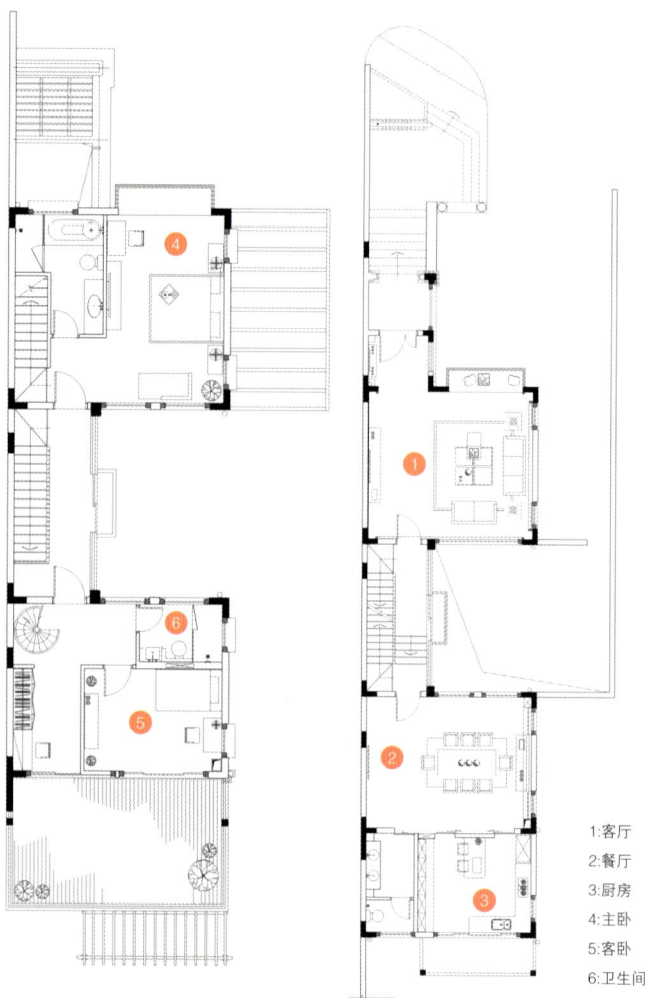

1:客厅
2:餐厅
3:厨房
4:主卧
5:客卧
6:卫生间

左1:宽敞明亮的客厅
左2:餐厅空间非常开阔
右1:明亮的厨房
右2:窗台摆放着一个花瓶
右3:卫生间一角
右4:白净的卧室

设计单位：戴勇设计师事务所　　设计：戴勇

Shuiyun Home

水云居

面积：185m²　主要材料：强化木地板、创意墙纸、蚀花茶镜　工程造价：40万元　坐落地点：惠州

整体室内设计的重点是进一步扩大客厅的视野，将花园一起纳入范围之内，借落地的玻璃窗和花园的造景形成天然画作的意韵，并帮助实现都市人对花园这一"奢侈"梦想的渴望。其中开放式厨房的设置以及客房和公共洗手间的改造都传达了开发商最初的意图：百变空间。

左1：抽象画的意韵
右1：客厅连通餐厅，有热闹的意境

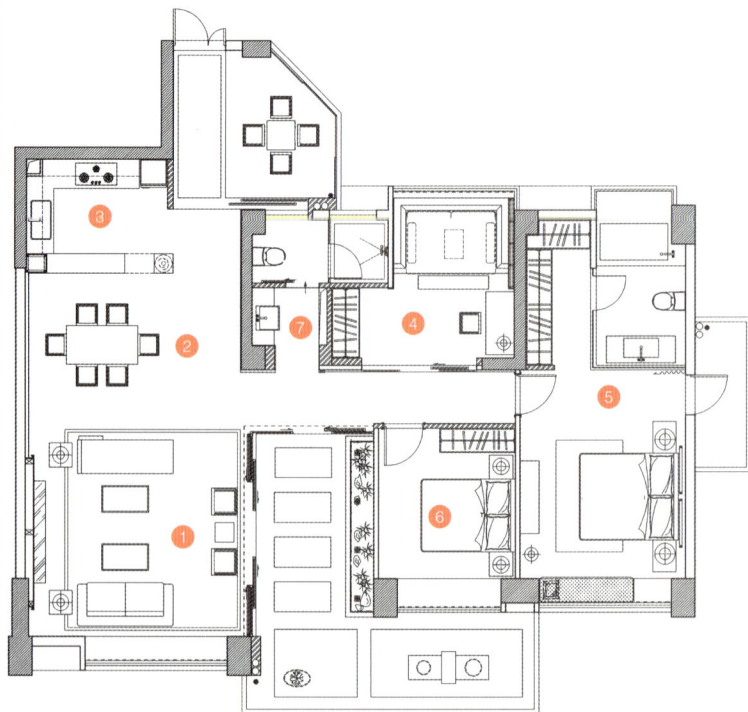

1：客厅
2：餐厅
3：厨房
4：书房
5：主卧
6：客卧
7：卫生间

左1:厨房小景

左2:花团锦簇，让人胃口大开

右1:古色古香的卧房

右2:暖色调营造居家的温馨

设计单位:深圳市大羽环境艺术设计有限公司   设计:冯 羽

Consonance

荷·合·和之屋

面积:158m²   主要材料:线帘、复合地板、涂料、墙面砖、壁布   工程造价:24万元   坐落地点:深圳

本案主要从新的视觉角度阐述中国传统文化,对现代居住空间的演绎。四海之内皆兄弟、以和为贵、引入荷的概念,便暗喻了这一千古主题。所以"荷"、"合"、"和",强调了文化,强调了空间氛围,又决定了空间的细部元素。

功能上,力求整体性,处理原有建筑模式的局部不合理性。利用如大露台的景观优势,以增加空间的延展、渗透的可能,从而使空间视觉上最大化的改变。

细部引入传统的绢布,以及纸质墙纸、麻草墙纸,来阐述传统的文化内涵。水墨感极强的木纹石,使空间里的东方文化浓郁。软装饰采用透明亚克力制作的抽象荷叶造型,铜质金属帘,都从新的角度阐述了传统的存在。

灯光设计均采取间接照明,控制色温,注重局部光源,如台灯、落地灯的局部补光,从而使空间温暖、舒适,阔绰的大户之家。

左1:一帘幽梦
右1:配饰强调了空间氛围

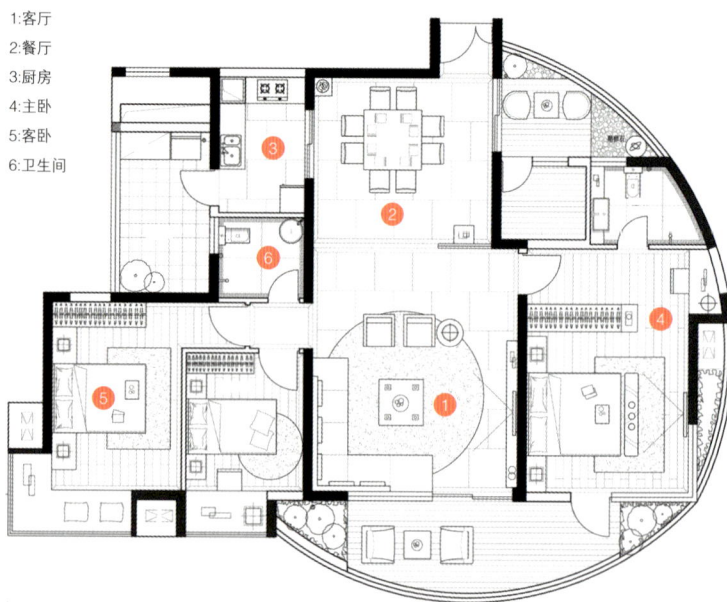

1:客厅
2:餐厅
3:厨房
4:主卧
5:客卧
6:卫生间

左1:开敞式空间光照充足
右1:背景装饰简单却引人注目
右2:明亮的卫生间
右3:两幅以竹叶为内容的挂画贴合卧室氛围

设计单位:沈阳点石（国际）室内设计顾问有限公司　设计:王 锐

San Qian Courtyard

三千院

面积:190m²　主要材料:铁刀木、马赛克、片岩　工程造价:29万元　坐落地点:沈阳

这个个案里，设计语言和材料都是比较收敛的，从某个观点来看也算是比较洁净不张扬的。空间的主轴划分利落清楚，入口玄关划开了左右两边的空间。客厅里面多余的装饰尽量都被舍弃，只留下极具装饰意味的两把白色椅子，后面竖条纹的隔栅拉伸了空间层高。卧室的设计也是极尽简单，除了基本必须的家具外没有多余的配饰，尽显低调素雅。

左1:装饰感极强的椅子
右1:简洁干练的客厅

1:客厅
2:餐厅
3:厨房
4:主卧
5:客卧
6:卫生间

左1:餐厅显然与客厅同在一个大空间中
右1:卧室除了必须的家具外没有多余的配饰
右2:儿童房和书房合二为一
右3:马赛克拼贴的卫浴间

设计单位:深圳秀城设计　　设计:陈 颖

Phoenix Valley No.19

凤凰谷19号

面积:350m²　主要材料:白洞云石、金花米黄、檀木饰面、PLT珠光墙纸、黑檀实木地板　工程造价:52万元　坐落地点:深圳

本案为凤凰谷内最大的独栋别墅，开发商想通过本别墅样板房来展示"中式别墅"这一个深圳别墅市场差异性产品。增加夹层后释放了原本局促的建筑平面。主人洗手间是一个可以朝天空开放的空间，进一步延伸其独有内院的内敛，同时兼具开放性的中式空间精神。

左1:午间在此小憩一定是一件美事
右1:家具具有明显的中式特征

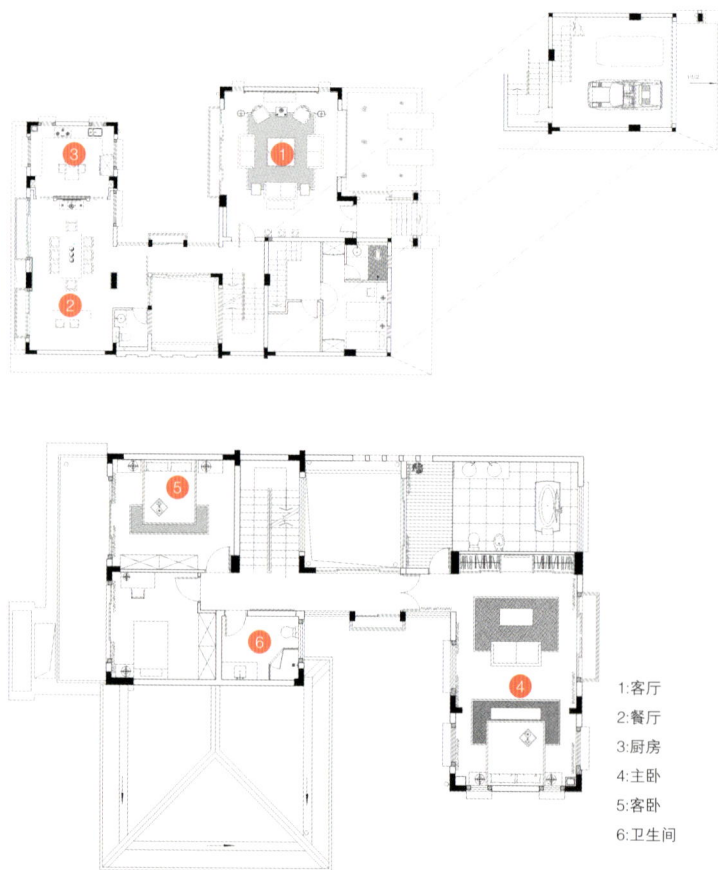

1:客厅
2:餐厅
3:厨房
4:主卧
5:客卧
6:卫生间

左1:家具选择得都贴合整体风格
左2:明亮的厨房
右1:对称讲究的卧房设计极具中式味道
右2:窗户开得很大，方便室外自然光线的引入

设单位计:金螳螂建筑装饰股份有限公司第一设计分院一所　设计:王祎华

Hao Ge

浩阁

面积:115m²　主要材料:壁纸、深灰色木饰面、皮革、黑镜、米色玻化砖　工程造价:15万元　坐落地点:苏州

尽管住宅设计已经进入多元化时代，出现了许多超出想象的风格形式，但就使用功能而言，自住型住宅总体依旧倾向于实用、严谨和人性化。毕竟对于业主来说，在寸土寸金的建筑及其有限的空间内为某种新奇效果而牺牲功能及面积，是得不偿失的。设计师深谙这点，所有的设计均围绕这来展开。L型软包沙发在通敞的厅里显得端庄、时尚，黑色茶几等厅中配饰、家具内敛低调，同样散发着品质的味道。餐厅和厨房相连，精致的餐具因灯光更显圆润饱满。整个过程没有玩弄所谓的创意，中规中矩，但因为考虑到实用性、功能性，依旧不妨碍它成为一个好设计。

左1:一幅画让墙面不再单调
右1:摒弃一切阻隔，令空间更为开阔

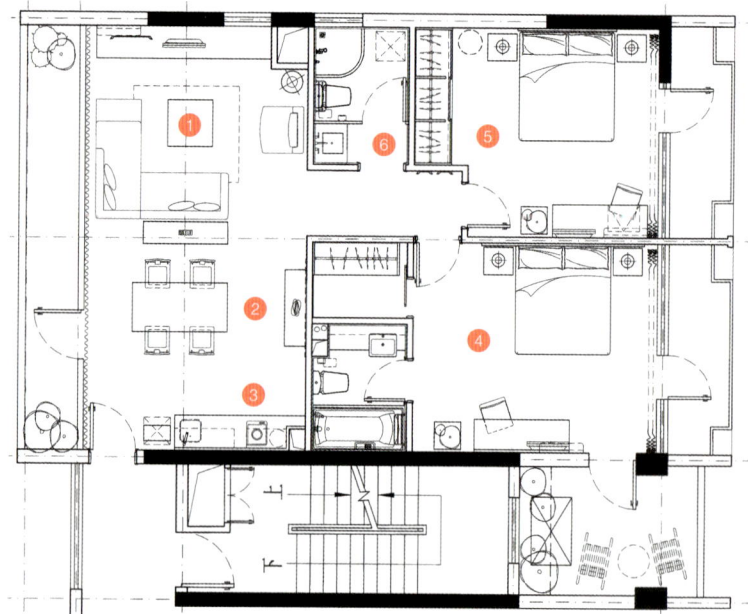

1:客厅
2:餐厅
3:厨房
4:主卧
5:客卧
6:卫生间

左1:精致的餐具让人食欲大增
左2:厨房
左3:倚墙设置一个小书桌
右1:卫生间也可以很有情趣
右2:卧房很是温馨

设计:李益中

Simple but Elegant House

素雅居

面积:134m² 主要材料:镜面、复合地板、软包、大理石、青砖 工程造价:20万元 坐落地点:青岛

通过对空间的分析和挖掘,设计师提出"素雅东方"的概念,希望营造出一个静谧、舒展、飘逸的空间意韵。这个概念的提出,是用"现代手法来表达东方美学"理念的主动实践。力求从配饰和硬装两方面双管齐下,完成设计的全过程。

左1:竹叶翩翩绕雅居
右1:一幅字画画龙点睛

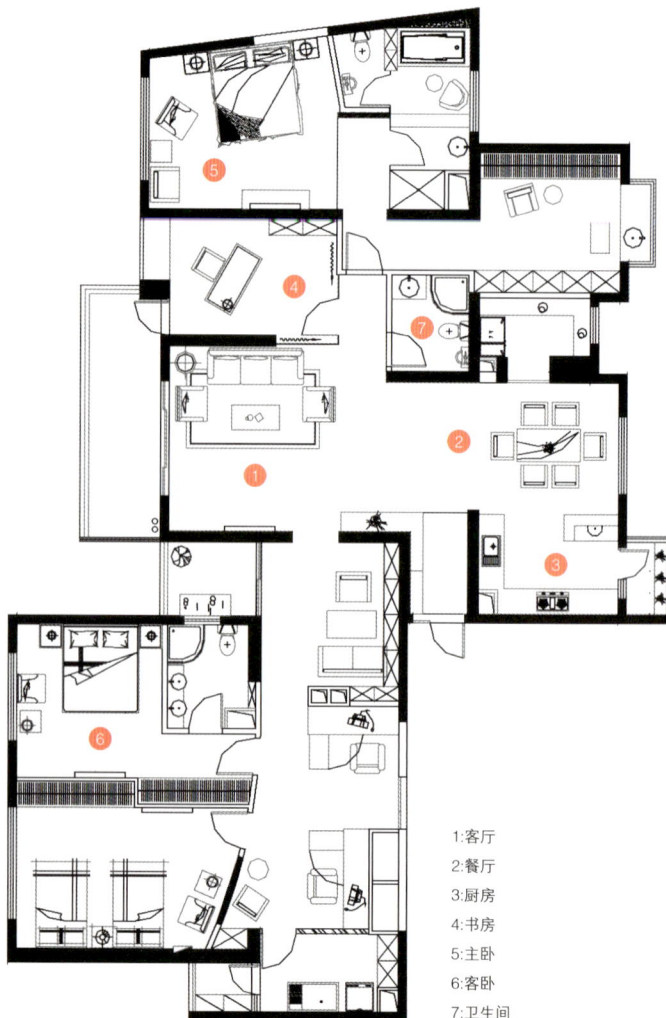

1:客厅
2:餐厅
3:厨房
4:书房
5:主卧
6:客卧
7:卫生间

越女采蓮秋水畔

輕羅暗露雙金釧

摘花似面芳心猶共

照爭亂

醉翁詞茲

左1:餐厅借着室外的自然光特别明亮

右1:深色软包的背景墙华贵典雅

右1:卫生间一角

图片提供：文宗博

WTO Apartments

世贸公寓

面积:128m²　主要材料:墙纸、实木地板、木材、石材　工程造价:20万元　坐落地点:无锡

室内布局源自欧美现代生活方式。注重功能分区的舒适性及空间尺度的人体工学需求,将室内分为公共区、私密区、起居室、书房以及卧室,通过过渡空间完成各功能分区的连接,放大空间的心理感受并有效地将主人私密区与公共空间进行分离。以短进深空间尺度营造出自然的南北新风对流,并结合立面的墙窗分割比例等设计要素,使业主可尽享优雅、尊贵、舒适的居住体验。

左1:一壶清茶,一段故事
右1:肌理感丰富的背景墙面

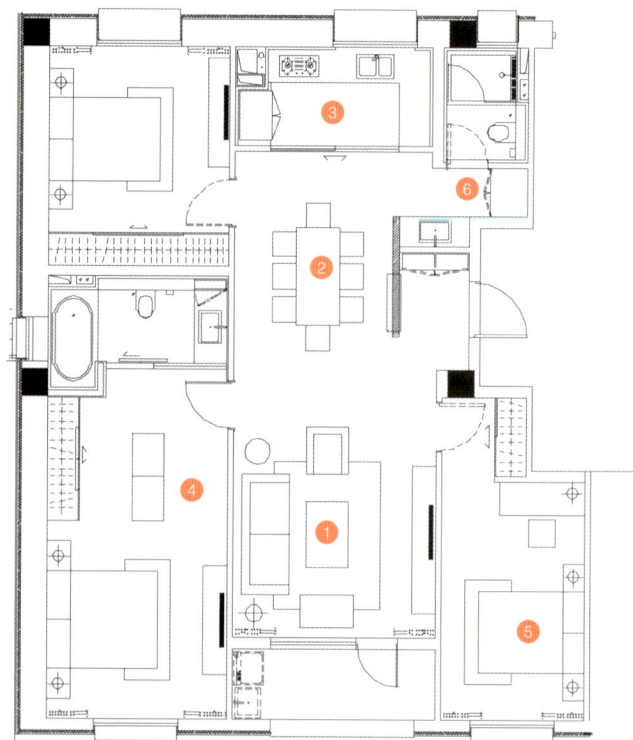

1:客厅
2:餐厅
3:厨房
4:主卧
5:客卧
6:卫生间

左1、左2:简单而富有质感的配饰
右1:百叶窗帘方便阳光尽情挥洒进卧室
右2:极简的书桌
右3:简洁的卫生间

设单位计:W.DESIGN香港无间建筑设计有限公司　设计:吴 滨

Chan

禅

面积:460m² 主要材料:爵士白大理石、橡木染黑、鹅卵石、木雕屏风、毛石 工程造价:100万元 坐落地点:杭州

入户玄关处洁白的墙壁上嵌入长方形落地深色木作围框，大面明镜衬底，省略传统木棂装饰，强化了虚实对比的力度。餐厅大幅的抽象水墨画、进口的手工壁纸、丝质的吊灯、精美的餐具、朴实的餐桌椅，真实与虚幻相生相融，完成了一段古老与现代的对话。穿过木质隔栅吊顶的长廊进入客厅，大面积米色毛石的运用，半通透的木制屏风，麻质的窗帘及融合书法韵味的装饰摆台完美的结合，宁静致远的禅意油然而生。主卧室气势磅礴的四柱床其镂空的床背板与客厅屏风遥相呼应。主卫采用的是开敞式的空间格局，圆形的独立式浴缸居中放置，既增强了空间的通透感，又使整个空间形成了一个有机的整体。在空间的营造上讲究与自然环境协调，地下视听室青砖流水墙面与室外花园融为一体浑然天成，白色的烟塌，麻布的沙发，潺潺的流水，雕花的移门再加上檀香的熏烟，静谧的禅之意境被完美的体现，令人在幽幽古韵中产生追古抚今的感慨。

左1:夸张变形的细节配饰
右1:黑白结合的客厅端庄大方

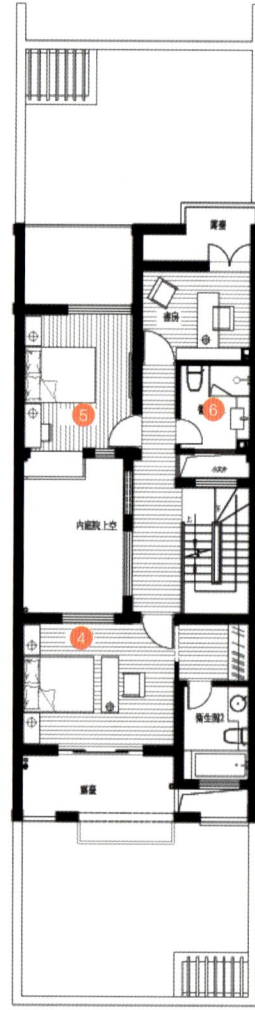

1:客厅
2:餐厅
3:厨房
4:主卧
5:客卧
6:卫生间

左1:餐厅不需太多装饰，一幅画足矣
右1:镂空的屏风别具一格

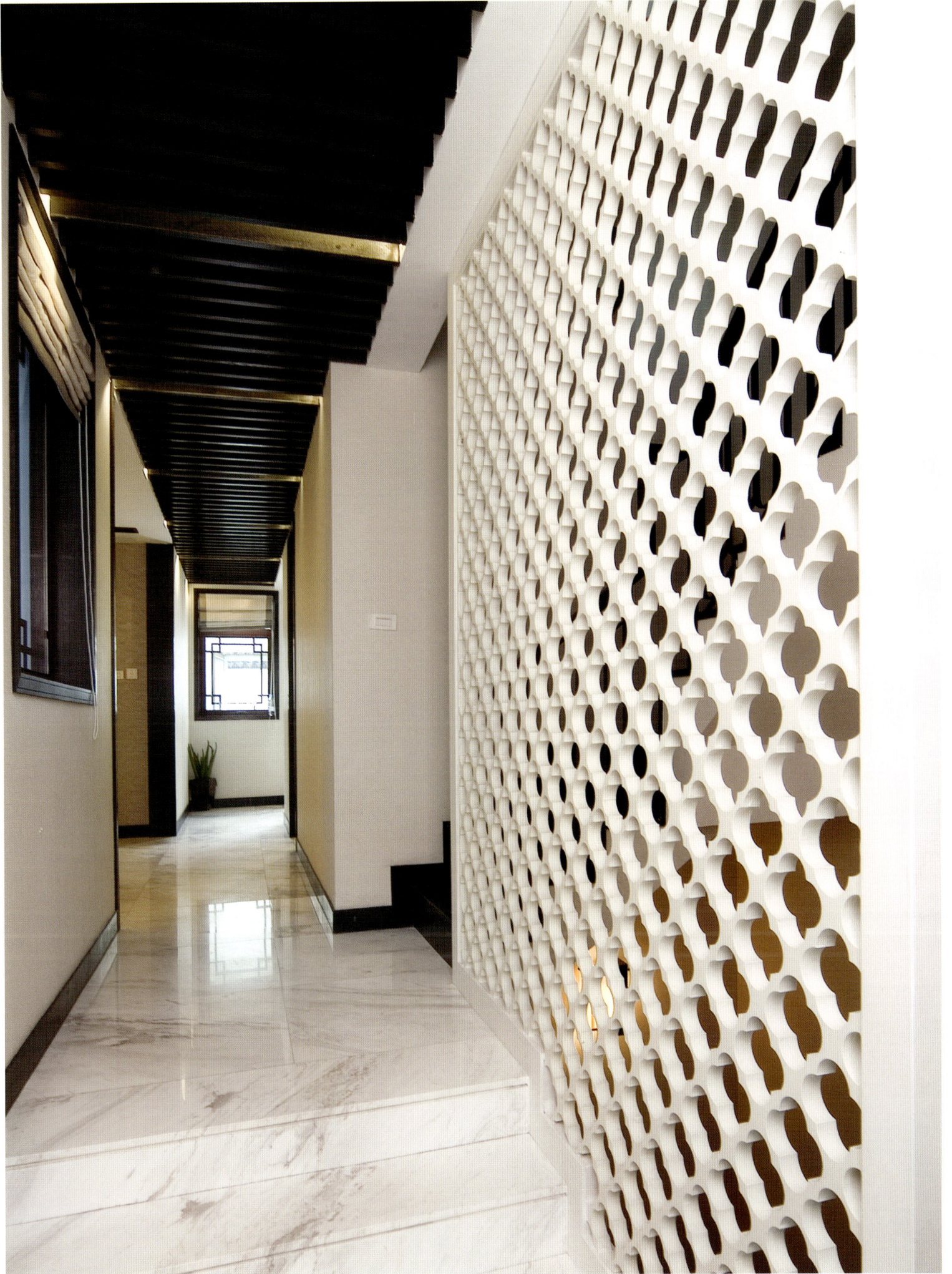

左1:富有禅意的冥想区
右1:卧室与卫生间实为一个大空间

设单位计:IADC涞澳设计公司   设计:张成喆

Yannan Park Villa

燕南园别墅

面积:250m²   主要材料:木地板、大理石、木饰面、壁布、玻璃   工程造价:50万元   坐落地点:上海

一层的客厅和餐厅间设置了一面砖墙,其后面的空间综合了厨房和卫浴的功能,砖墙同时贯穿了两个楼面。开放式的设计手法既使空间富有层次感,又塑造了自然、朴实的生活品位。整个空间生动而富于趣味。

左1:浅色背景上挂几幅黑白写真,很时尚
右1:跳脱的红色储物柜俨然成为空间主角

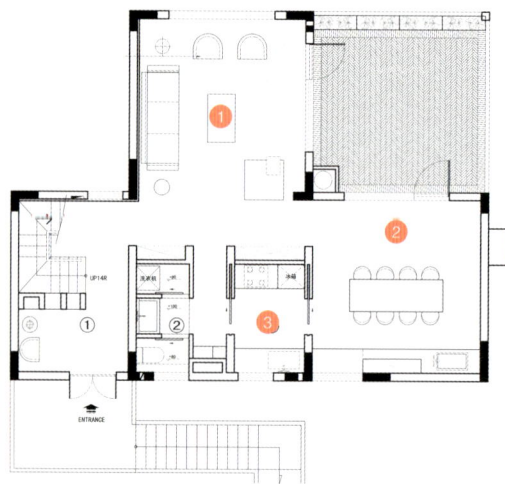

1:客厅
2:餐厅
3:厨房
4:主卧
5:客卧
6:卫生间

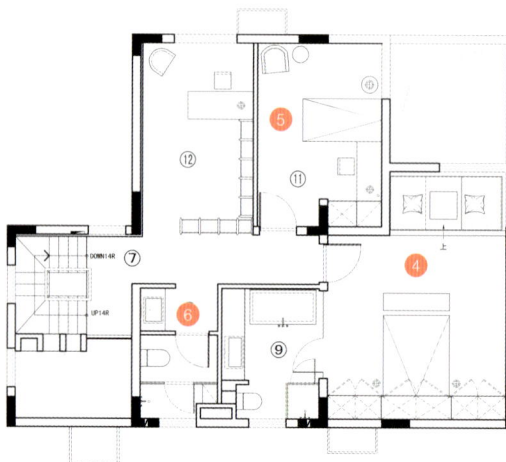

左1:极具中式味道的储物柜
左2:青砖围合出的古朴世界
左3:逆光下的枝干如同一幅水墨画
右1:玻璃的通透扩充了视觉空间
右2:书房的设计简单中折射严谨
右3:面积不大的空间总少不了一面镜子

左1:极具中式味道的储物柜
左2:青砖围合出的古朴世界
左3:逆光下的枝干如同一幅水墨画
右1:玻璃的通透扩充了视觉空间
右2:书房的设计简单中折射严谨
右3:面积不大的空间总少不了一面镜子

设单位计:IADC涞澳设计公司　设计:张成喆

Deep Blue Villa

深蓝别墅

面积:480m²　主要材料:木地板、大理石、木饰面、壁布、玻璃　工程造价:90万元　坐落地点:上海

整个设计以现代生活方式为原则,并吸取东方古典空间曲径通幽的手法,对平面布局做了较大的调整。简洁让自然穿透的视野加强空间的宽阔与流畅,将空间融为一体。设计中没有对古典元素具象的模仿,也不拘泥在某种表现形式,它表达了中国人一种特有的生活和审美趣味。空间规划在实现别墅生活功能的同时,也考虑了细部、色彩、装饰的设计,共同表达江南所特有的灵动、含蓄、丰富的生活美感。

左1:层层递进的书架
右1:明亮开敞的客厅

1:客厅
2:餐厅
3:厨房
4:主卧
5:卫生间

左1:现代中式风的书房内敛中透显大气
左2:创新设计后的中式吧台
左3:餐厅自成一景
右1:简洁干练的卧室
右2:浴室一角

设计单位:IADC涞澳设计公司　设计:张成喆

Border Town Lakefront

边城湖畔

面积:350m²　主要材料:木地板、石材、木饰面、玻璃　工程造价:80万元　坐落地点:南京

高大而开敞的空间，上下双层的复式结构，类似戏剧舞台效果的楼梯和横梁，开放性、流动性的格局。一楼的公共区域连成一体，形式感强烈的壁炉以及现代感十足的家具让整个区域摩登、时尚；二楼的开放式工作区也是设计的亮点，呼应着富有质感的墙面和黑白建筑画，将个性融入整体。卧室的设计以温馨舒适为主，只是摆设、灯光、挂画间形成了默契，共同营造出艺术空间的效果。

左1:楼梯
右1:高大开敞的空间

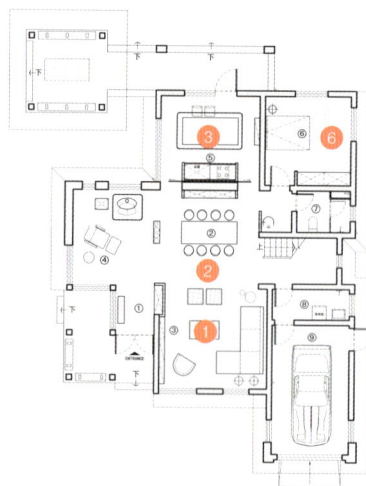

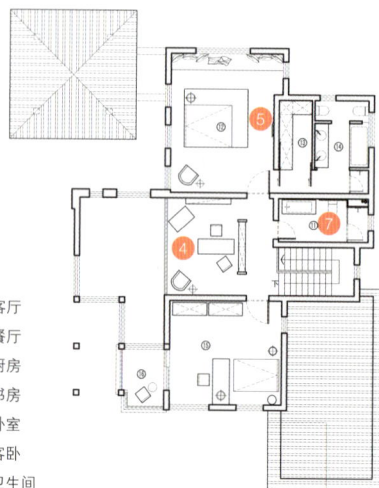

1:客厅
2:餐厅
3:厨房
4:书房
5:卧室
6:客卧
7:卫生间

左1:别致的操作台
左2:古朴的餐桌和原始的墙面相对应
右1:卧房设计以温馨舒适为主
右2:大气的卫生间
右3:灯光、摆设和挂画间形成了默契

设计:梁志天

Lights and Shadows

银光树影

面积:445m²　主要材料:灰木纹石、反光玻璃、黑珍珠木、灰镜　工程造价:140万元　坐落地点:香港

推开双掩大门,踏着灰木纹石地台进入客饭厅,深浅灰色调的组合配搭交织出空间的层次和趣味,在灰底银线墙纸的衬托下,线条简明的家具增添一室时尚气息。饭厅中,酒吧区的设置提供了一个好地方,让爱好杯中物的户主与良朋知己品尝佳酿。酒柜玻璃上的树影图案尽显大自然的魅力。

设计师利用高楼底的优势,把主人套房的地台升高,突显主人的尊贵之余亦为房间加添了储物空间。设计师更巧妙地把衣柜面化成充满立体感的黑珍珠木特色墙。屋子的另一边设有书房和客房。落地灰玻璃的设置让开放式的书房保持一份独立感,书架由不锈钢层板和黑色钢琴漆面书柜组成,加上金属网状的银色窗纱,感觉简洁高雅。通往天台的户外庭园及梯间,在特别的灯光配置和怡人的植物衬托下,戏剧感大增。灰石地台由楼下延至天台,把空间统一起来。

左1:简约时尚的饰物
右1:深浅灰色调的组合搭配交织出空间的层次

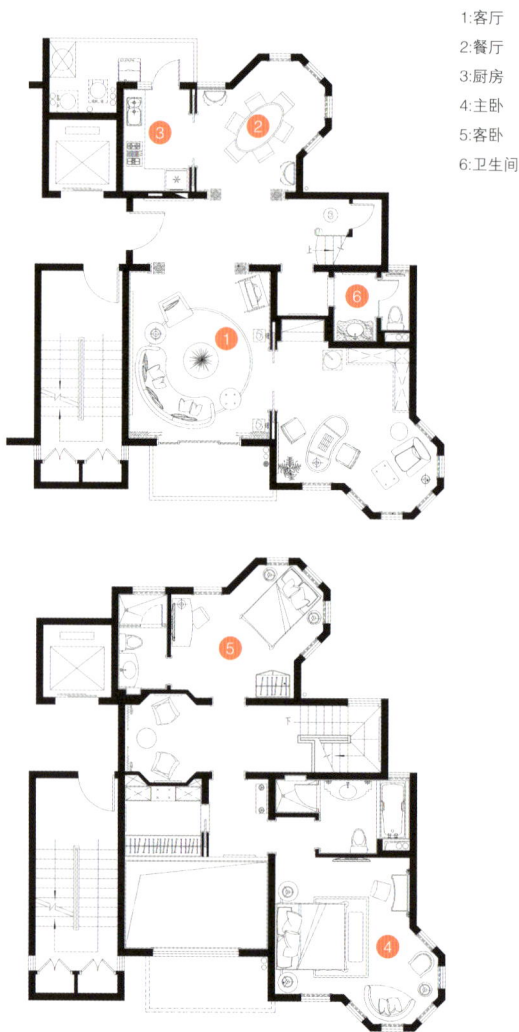

1:客厅
2:餐厅
3:厨房
4:主卧
5:客卧
6:卫生间

左1:清柜玻璃上的树影图案带来大自然的魅力

右1:空间优雅而带点酷味

右2:镜柜令浴室的层次感备增

设计单位:深圳市派尚环境艺术设计有限公司　设计:李益中

No. 1 Forest

森林一号

面积:280m²　主要材料:雅士白大理石、黑色镜面不锈钢、艺术铝板、米色墙纸　工程造价:46万元　坐落地点:东莞

一个意大利时尚与古典结合的家，不仅仅是一个居所，也是展现主人魅力，结交生意伙伴的社交舞台。要营造出这样一种生活场景，设计师在全屋的墙面和天花，基本采用了白色为主，少量的黑色线条如天花角线、楼梯栏杆、门套线为辅的做法，产生一种适度的古典而纯净之美。在洗手间的地面，还有巴洛克味道的云石拼花，显得很精致。在这种较为简洁的硬装修衬托下，这些造型夸张而不失典雅，做工考究的家私、窗帘和陈设品就成了夺目的角色。家具基本以黑色、香槟金和红色为主色调，但这几种色彩不是毫无道理地拼凑，而是在视觉上的比重让人感觉恰到好处，不偏不倚。窗帘、床品等布艺部分则大量用了华丽而跳脱的红黑撞色天鹅绒，工艺精湛但个性非常张扬，有心的人还会发现很多值得玩味的细节。

左1:枝蔓柔软纵生的吊灯光彩夺目
右1:黑色、香槟色和红色在视觉的比重上恰到好处

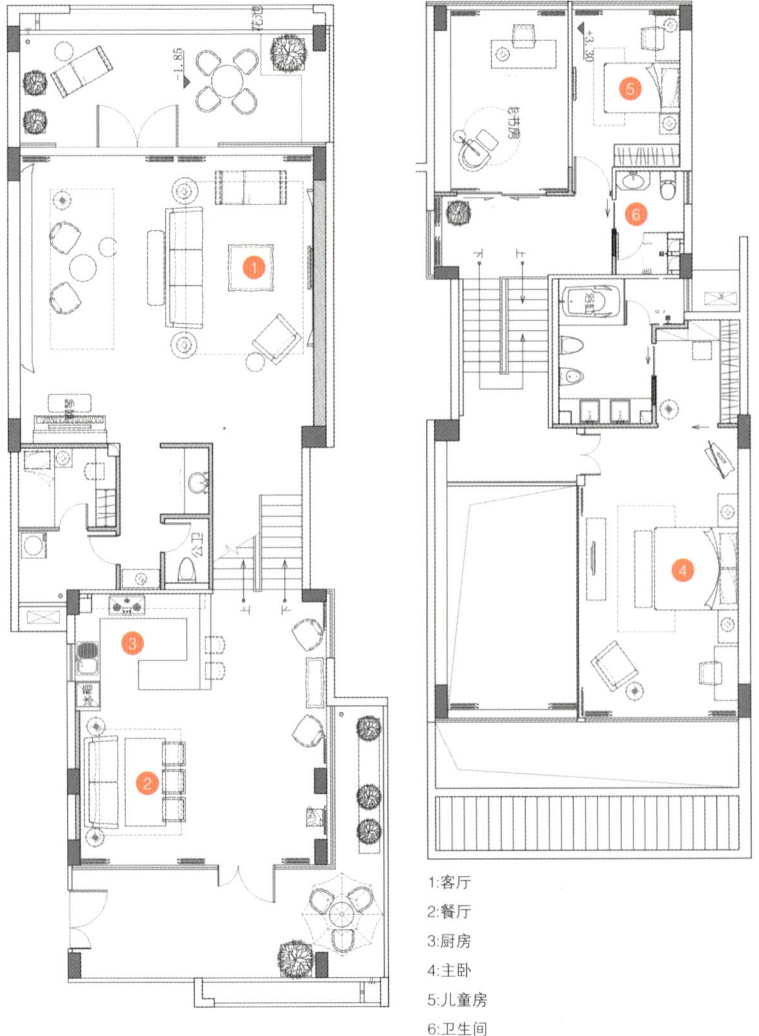

1:客厅
2:餐厅
3:厨房
4:主卧
5:儿童房
6:卫生间

左1:餐桌产生如戏剧舞台般的效果
右1:跳脱的红黑撞色天鹅绒张扬个性
右2:卧房的设计具纯净之美
右3:洗手间地面铺设具有巴洛克味道的云石拼花

设计单位:锦华装饰　设计:张笑

Red County

红郡

面积:180m²　主要材料:乳胶漆、大理石、复合面板、墙面砖　工程造价:27万元　坐落地点:南京

本案业主为中产阶级人士，对于风格定格为现代简约。在内部空间的布置上，能简则简，能删则删，去除了一些不必要的装饰和点缀，留下一个整齐通透的空间，少了份拥堵郁闷，多了份简约清新。整体的色系很自然，温馨，浪漫。通过这样的优雅脱俗的设计，打造出一个适合现代人士居住的居家典范。

左1:灯光设计营造浪漫
右2:形态迥异的玻璃器皿彰显不凡品位

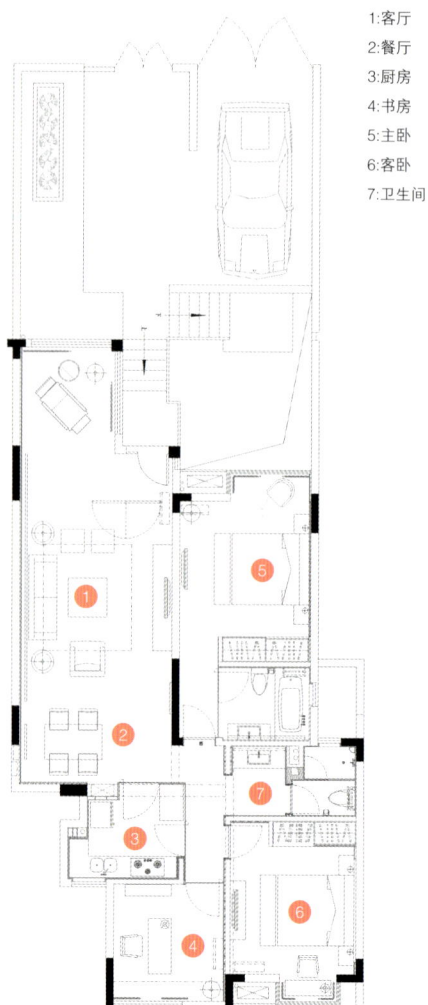

1:客厅
2:餐厅
3:厨房
4:书房
5:主卧
6:客卧
7:卫生间

左1:连贯而通透的空间
左2:自然而温馨的氛围
右1:唯美的粉色水晶吊灯成为视觉焦点
右2:卫生间线条硬朗

图片提供:陈乙

butterfly park

蝶园

面积:180m²   主要材料:大理石、玻璃、木材、镜面、墙纸   工程造价:26万元   坐落地点:杭州

本案设计铭刻着中国传统居住理念的烙印,具有很强的历史惯性,同时又充满对西方生活空间的向往。具有归属感的层进空间,具有领域感的前庭后院等空间元素在尊重自然、尊重文脉的原则上,以理性的技术挑战规划条件,完成一次对居住文化的"中国式创造"。挑高部分除了设置楼梯外,还在旁边设置成一个简易餐厅,靠近厨房也符合正常的生活习惯。客厅和室外庭院之间用玻璃门窗相连,满院的绿色尽收眼底。

左1:新奇的大型植物装饰营造自然氛围
右1:满园绿色尽收眼底

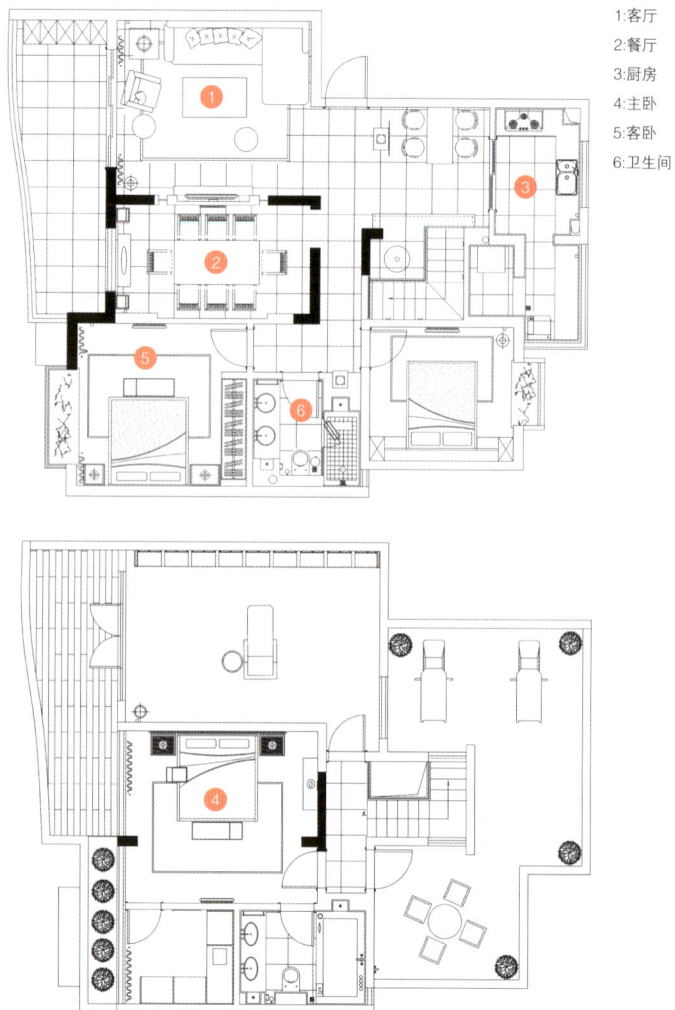

1:客厅
2:餐厅
3:厨房
4:主卧
5:客卧
6:卫生间

左1:楼梯旁设置简易餐厅

左2:厨房

右1:两幅抽象画的色调与卧室整体统一

右2:简约的床头灯

右3:卫生间一角

设计单位:南京堂杰工作室　设计:杨明松

Qinhuai Oasis

秦淮绿洲

面积:280m²　主要材料:大理石、墙纸、仿大理石砖、水曲柳饰面板　工程造价:42万元　坐落地点:南京

在这个空间里，视线首先会被客厅和餐厅交叉的立体空间所吸引。现在形式服从功能开始被越来越多的人接受。在没有繁琐的附加装饰的简约空间中，将喧闹留在窗外，尽享飘荡于空气中的淡然与安宁，胸怀因无束缚而博大宽宏，思绪在激情涌动时如游离于世外。

空间规划不是随意的，它富有层次感和结构美，形式是简约的，散发出的美是具有时尚气息的，也是具有主人本身的文雅气质。由"少即是多"衍生出的简约主义，看似平面构成造型来塑造的这个空间，但空间中限制大量色彩的泛滥而控制在黑白灰三色的极至对比中。

在横平竖直流畅的线条中，没有任何多余装饰的补充下依然优雅而迷人。

左1:客厅一角光线明亮
右1:大气简约的装饰暗合主人文雅的气质

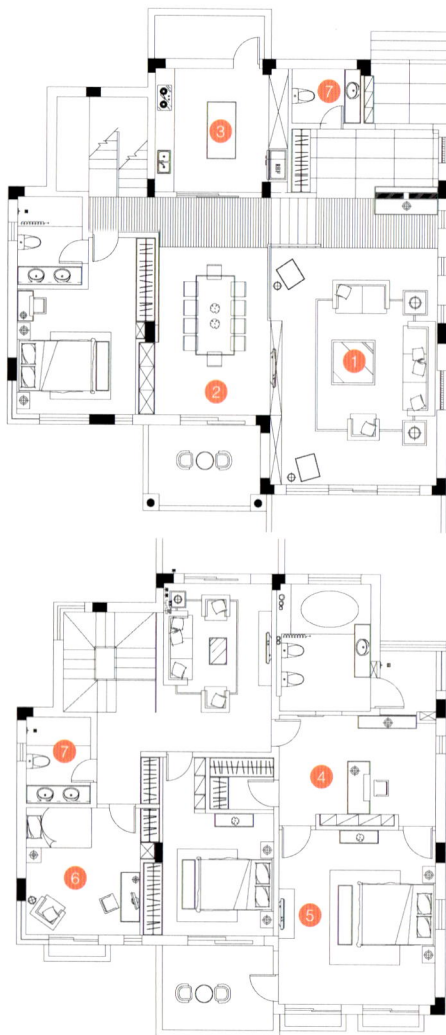

1:客厅
2:餐厅
3:厨房
4:主卧
5:客卧
6:书房
7:卫生间

左1:餐桌一角
左2:清新的绿色饰物带来一份淡然与安宁
右1:大气的卧室
右2:将户外的风景引入卧房
右3:卫生间散发出几分时尚气息

设计单位:CI3/思联建筑设计

Shui Qing Mu Hua

水青木华

面积:300m² 主要材料:实木地板、乳胶漆、玻璃、地毯 工程造价:65万元 坐落地点:上海

别墅设计的难度对室内设计师来讲非常微妙，挑战与惊喜并存。挑战的是设计除了要令自己满意，更重要的是还要得到挑剔的主人的赞许。惊喜的是不小的空间给了设计师尽情创造的蓝图。平面布局首当其冲列入最先思考的范畴，通风和采光良好的空间尽量设置客厅、卧室等功能间，南北纵向确保连贯。主人性格内敛、低调，配饰等均是精心挑选，宁缺毋滥，与其说是为业主设计一套尊贵的别墅，不如说是为其打造一个宜人的居处。

左1:配饰精挑细选，宁缺勿滥
右1:从楼梯俯看客厅

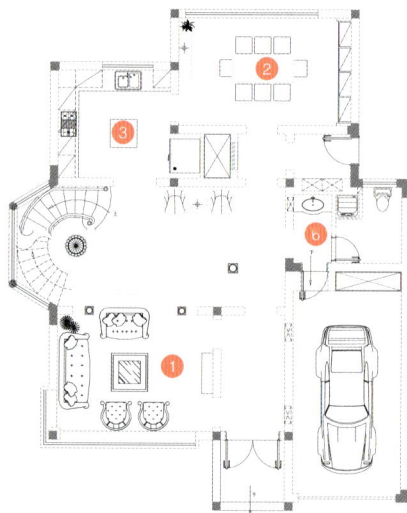

1:客厅
2:餐厅
3:厨房
4:主卧
5:客卧
6:卫生间

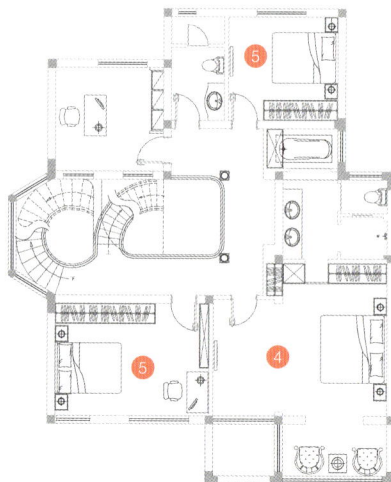

左1:精心布置的餐桌与长条形灯具紧密呼应
左2:专为茗茶而设的一处且隔且透的小地盘
右1:卧房一角
右2:通透的卫生间

设计单位:珠海市空间印象装饰设计工程有限公司   设计:霍承显

Blue Hills

蓝山别墅

面积:235m²   主要材料:灰橡木、橡木自然面地板、斧劈石、镜钢、玻璃、银箔、墙纸   工程造价:65万元   坐落地点:中山

蓝山别墅的空间定位是"复合型的休闲生活场",我们决定不跟风加州风格的建筑痕迹,以一种特立独行的多元化的澳洲风格独树一帜,以热情开朗的澳洲建筑语言构筑阳光养生概念,以悠扬浪漫的澳洲水岸风情重塑理想生活的世界观。澳洲风格代表了现代、时尚、健康、休闲的生活观;就像澳洲人愿意把土地不折不扣的交还给自然,他们也愿意收敛自我,在空间中享受最完美的自然。

在设计上,我们倡导更多柔性的人性沟通空间,以一个充满灵性的立体花园为轴线,贯穿"水主题",结合各色陈设小品、亭台布局,将一个多元融合的生态养生系统,带入生活假期。

左1:镜钢材料熠熠生辉
右1:深色橡木、黑色沙发与白色地毯对比鲜明大气

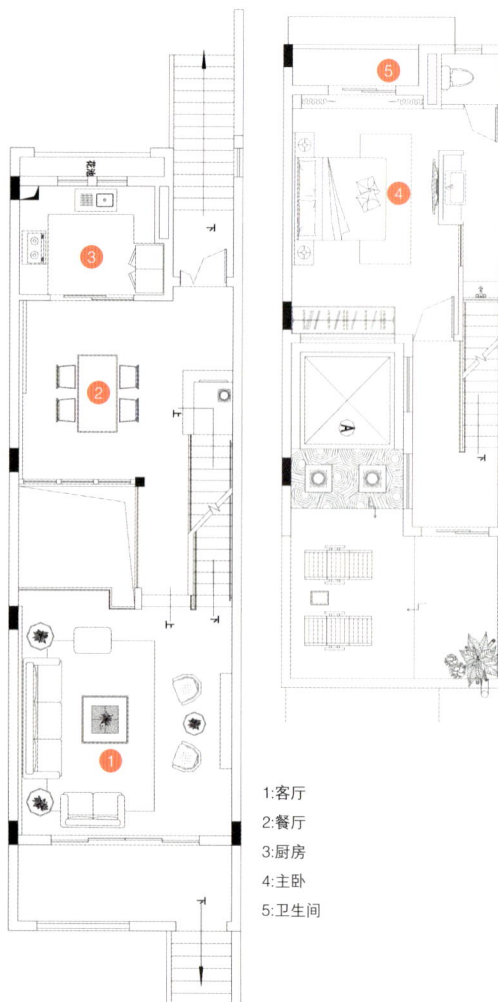

1:客厅
2:餐厅
3:厨房
4:主卧
5:卫生间

左1:艳丽色调的出现正如热情开朗的澳洲

右2:橙色调如阳光般温暖

右2:卫生间并无繁杂的装饰

右3:墙上又一个暖融融的"小太阳"

设计单位:品伊创意机构&美国IARI刘卫军设计师事务所　设计:刘卫军

Sunshine and Sea

阳光海

面积:70m²　主要材料:艺术玻璃、乳胶漆、地砖　工程造价:11万元　坐落地点:深圳

本案摆脱形式化、符号化、概念化的设计,从精神内涵上去表现时尚和女性特征,寻找一种大器的设计元素,一种走出局部,跨越地域及审美观的语言,而不是单纯的照搬元素符号。走进室内,客厅与厨房相衔接,以地面的图形及线条作为区分。客厅的模型摆设完全彰显出业主从事与美丽有关的工作性质,既是装饰摆设,又是工作需要。客厅、浴室、卧室等各个空间的衔接处都在不经意间布置了可陈设衣物的空间,在节约空间的同时点缀着一个年轻设计师的家。

室内随处可见的花朵图案,完全满足了女性追求美的需要,卧室墙面上的大型花瓣,花朵的独特造型是居于此的人对美丽事物的执着追求的体现。就连浴室内纯粹的黑、纯粹的白,无不在述说着时尚和女性的精神涵义,整个空间在各种元素的相互作用下互动着,进而向人们传达一种柔美、时尚的居住空间,如同一场空间交响乐,线条伴随着音符不停地舞动……

左1:镜面扩大了空间纵深感
右1:独特造型的花朵表现时尚美丽的女性气质

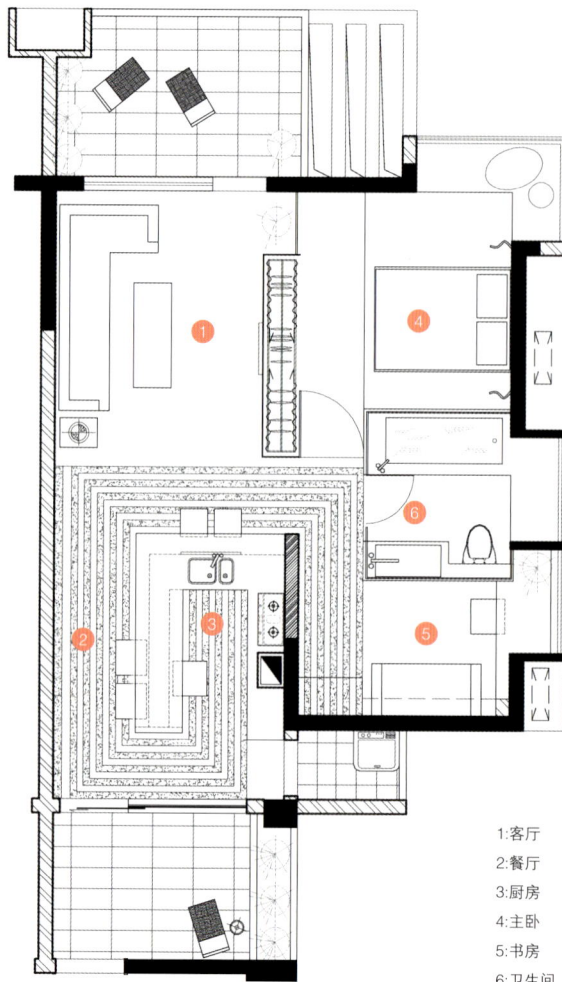

1:客厅
2:餐厅
3:厨房
4:主卧
5:书房
6:卫生间

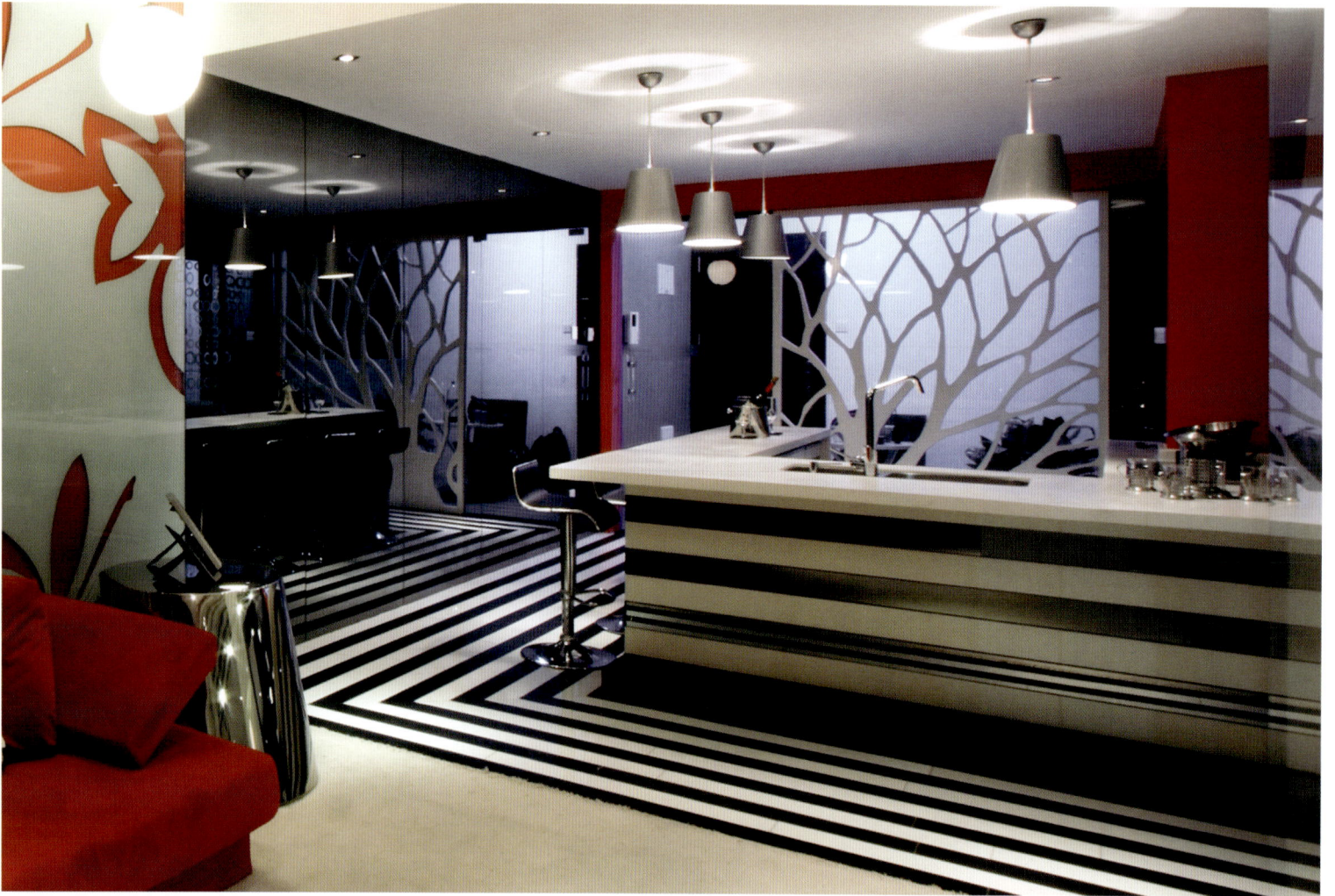

左1:客厅与厨房相衔接，以地面的图形及线条作为区分
左2:圈圈挂帘如音符般灵动
右1:随处可见的花朵图案
右2:浴室纯粹的黑色

设计单位:南京测建装饰设计顾问有限公司　设计:刘延斌

Delicate Apartment

精致公寓

面积:90m²　主要材料:乳胶漆、墙纸、地毯、石材　工程造价:13万元　坐落地点:南京

本案重在表现家庭的温暖之情和温馨之美。整体色调沉稳大气。墙面上排列规则的家庭成员照片,呼应最具家庭归属感的餐桌。卧房的花朵墙纸,浴缸内的新鲜花瓣,妆台上的精美首饰盒……女性的柔美气质无不渗透。

左1:精美的饰品
右1:以不同的地面材质来划分空间

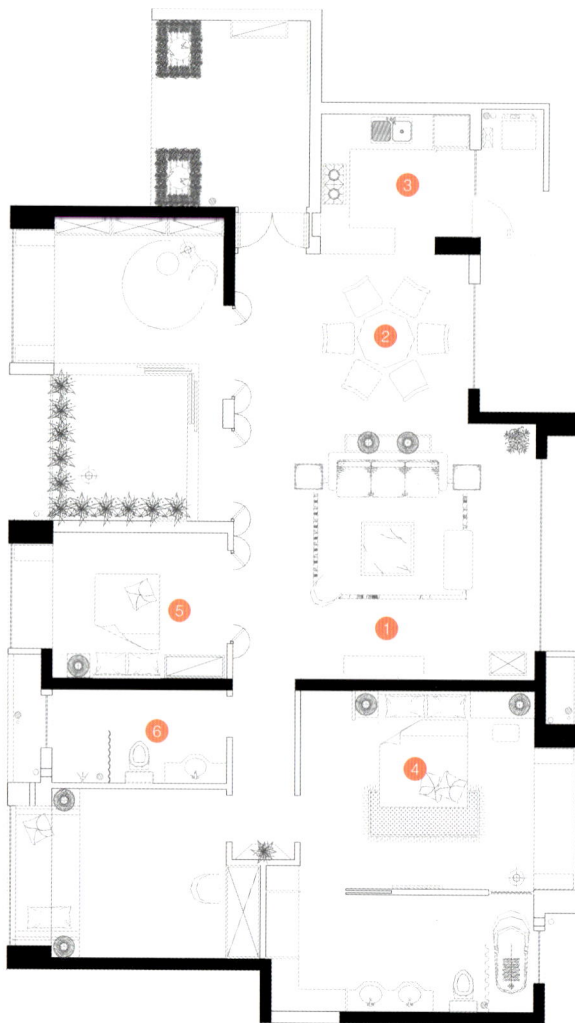

1:客厅
2:餐厅
3:厨房
4:主卧
5:客卧
6:卫生间

左1:墙面上排列规则的家庭成员照片
左2:柔和灯光映照下的梳妆台
右1:温馨的卧室
右2:新鲜花瓣表现女性柔美气质

设计:梁志天

Garden City

花园城

面积:420m²　主要材料:黄窿石、石灰岩、墙纸、白影木、玻璃、地毯　工程造价:100万元　坐落地点:香港

踏着以人字形铺设的黄窿石地台进入大厅,一室线条简明利落的黑色和白色布艺家具典雅地停靠在黑色马毛地毡上,在石灰岩特色墙的衬托下,简洁、现代。泛着金光的珍珠母茶几和餐桌相呼应,延续客厅的华丽,餐厅饰以金线的墙纸闪耀着贵族的光芒,白影木特色墙令这个宴客亲朋之地更多一份温暖的感觉。设计师以夹布玻璃作厨房门,阻隔了油烟之余亦保持空间的连贯。

从客厅拾级而上来到主人房,米黄色的地毡、简洁的家具以及黑色的扣布床头靠营造了高贵的气质。开放式的更衣室以夹布玻璃门和主人房分隔,通过更衣室便来到主人浴室。迎门一面香槟金落地镜把浴室的范围无限伸延,做马赛克铺设的云石地台加上黑金花和黄窿石墙,在透明水晶灯的映照下闪着独特的金光,造就一室贵气。位于地下层的书房,黑白的配搭令空间个性尽显。其余客房用天然木材、金黄系列色调,营造出舒适自然的感觉。

左1:金线墙纸闪耀着华贵的光芒
右1:泛着金光的珍珠母茶几大气优雅

1:客厅
2:餐厅
3:厨房
4:主卧
5:客卧
6:卫生间

左1:餐厅温暖明亮

右1:简洁家具和黑色的扣布床头靠营造主人房高贵气质

右2:浴室贵气十足

设计单位:东莞市佳易室内装饰有限公司 设计:王斌、贾伟国

Li house

丽宅

面积:520m² 主要材料:仿石抛光砖、新米黄大理石、红橡木、进口环保漆、玉兰墙纸、白玻璃、茶灰镜 工程造价:110万元 坐落地点:东莞

业主家庭成员简单，两人为主，同时又要达到不过于奢华，简洁、大气且精致的时尚居家空间。因此，首先对功能结构做了大胆调整、调位。原厨房改做餐厅，拆除原有的墙体，露出原始结构，使客厅和餐厅连为一体。原工人房和公共洗手间，改扩成厨房，把本就弃之的死空间，改做了工人房和公共洗手间。二楼，把三房改成二房带一书房。这样一来，功能、次序得以平和。在此基础上，对外露的结构和弊位加以整理、修饰、处理。在后来的深化过程中，无论是天花和立面的结构，都由功能、结构、弊位而衍生。不骄不显，不繁不简，相应成彰。

光影的处理，都宁少勿多，使之色调和谐统一，漫射有度。造型装饰依托功能的需要，张弛有度，弃"繁"存"精"。水晶灯、时尚窗帘软饰、玉兰墙纸等时尚元素的混入令空间多了一些温馨与轻柔。

左1:造型独特的玄关
右1:在水晶灯的映衬下客厅雍容大气

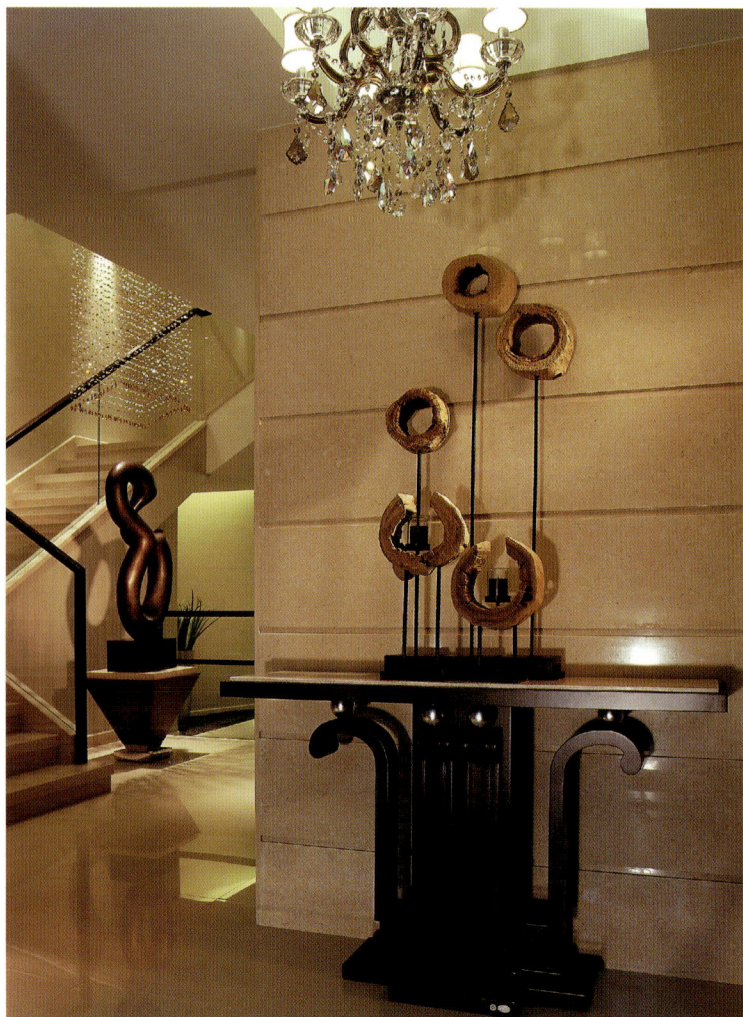

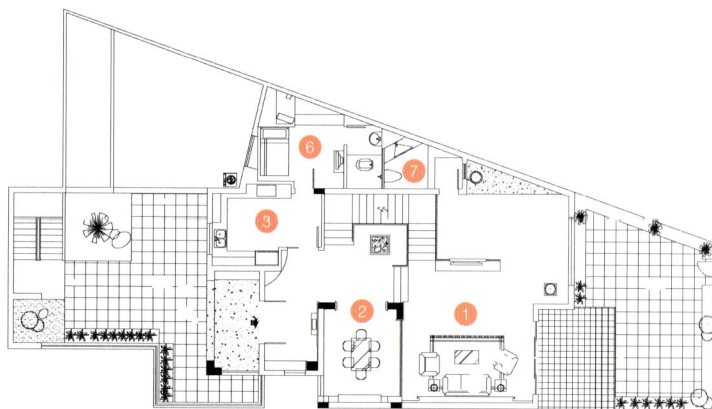

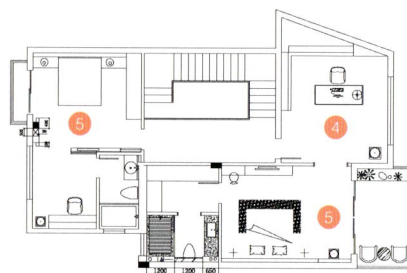

1:客厅
2:餐厅
3:厨房
4:书房
5:卧室
6:客卧
7:卫生间

左1:客厅和餐厅连为一体
左2:卧室一角
左3:光影的处理强调温暖的感觉
右1:镜面扩展了卧室纵深感

設計单位:沈阳点石（国际）室内设计顾问有限公司　设计:王锐

Bee nest

蜜巢

面积:50m²　主要材料:镂空板、梵高金石材、墙纸、粉镜　工程造价:7万元　坐落地点:沈阳

顾名思义，这是一个充满柔情蜜意的居家美巢，处处都是充满象征意味的巢状和网格状图案。整体布局紧凑精巧，纯洁的白色中点缀柔美的粉紫色和花朵图案，清爽宜人。

左1:大块镂空板寓意"巢"的主题
右1:简约白色中点缀柔美的粉紫色和花朵图案

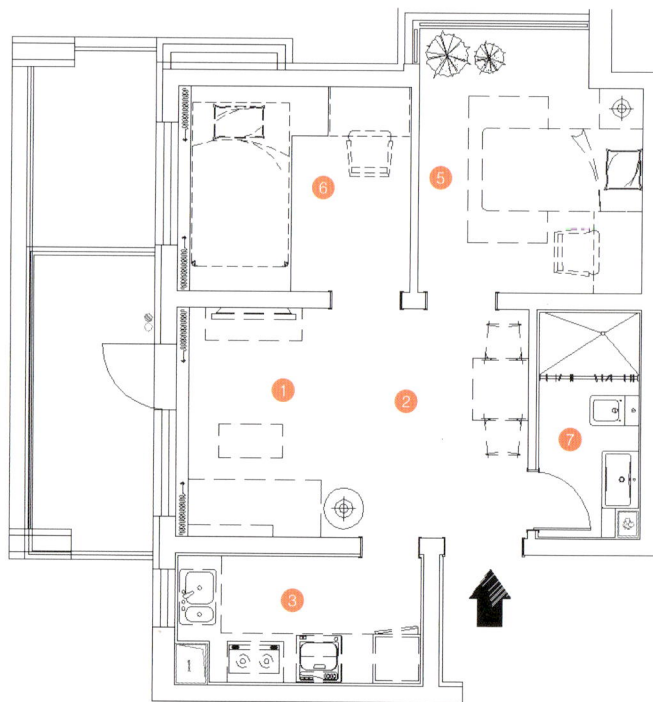

1:客厅
2:餐厅
3:厨房
4:书房
5:卧室
6:儿童房
7:卫生间

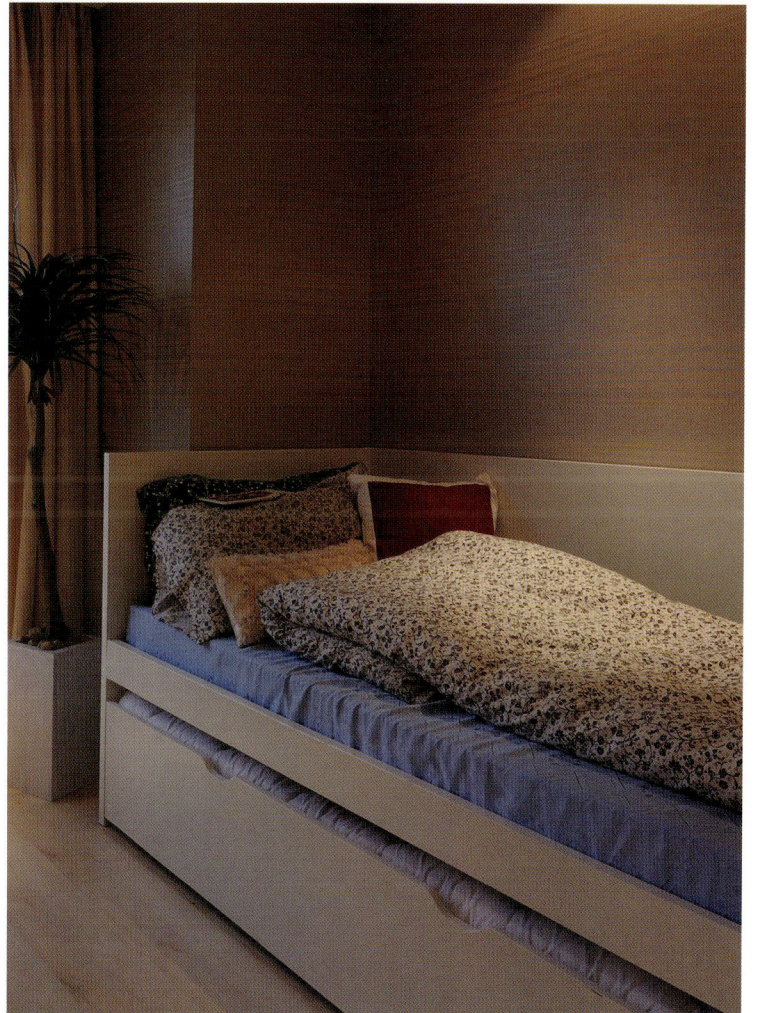

设计单位:丛林设计工作室　　设计:丛林

City of Glass

玻璃之城

面积:43m²　主要材料:玻璃、墙面砖、地毯、乳胶漆、复合地板　工程造价:6万元　坐落地点:济南

本案用色大胆时尚，冷峻的紫色，闪耀的银灰色，毛皮和锦缎，金属光泽的灯具，诉说着后现代的追求。墙面为统一的横条状，厨房全部采用落地玻璃，空间通透连贯。

左1:室内用色大胆时尚
右1:厨房采用落地玻璃，空间通透连贯

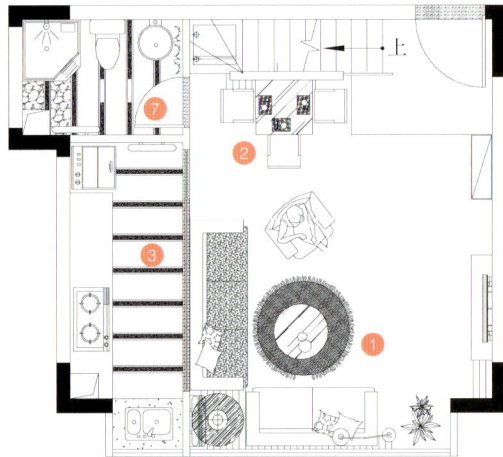

1:客厅
2:餐厅
3:厨房
4:书房
5:卧室
6:客卧
7:卫生间

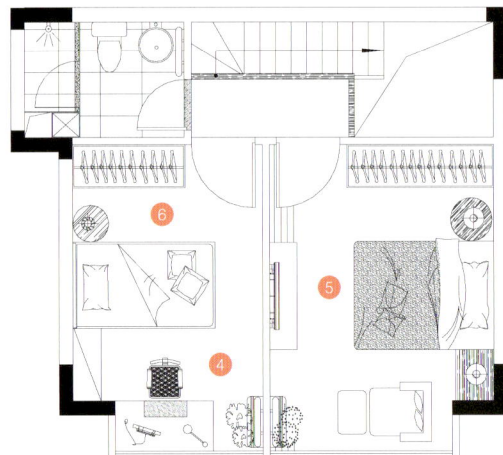

左1:二人餐桌
左2:酷酷的亮片灯具和冷冷的银色靠垫相得益彰
右1:卧房内各色混搭，新鲜有趣
右2:条状地面对应条状墙面

设计单位:深圳朗联设计顾问有限公司　设计:秦岳明

East County

东郡

面积:128m²　主要材料:雅士白、枫木实木地板、白橡饰木　工程造价:22万元　坐落地点:柳州

本案配饰最大的特点就是精致、温馨。深色窗帘、抱枕、椅子因为材质的柔软适宜依旧显得暖意十足。精致的烛台、餐具、装饰镜等增添了空间的情趣。厨房与餐厅之间没有门,经由大理石砌成的小型储酒柜进行转折,浅色石材与墙、地面相得益彰。

左1:优美的配饰锦上添花
右1:深色窗帘、地毯、抱垫和椅子因为材质的柔软适宜显得暖意十足

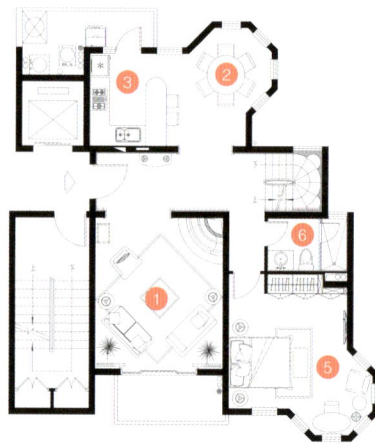

1:客厅
2:餐厅
3:厨房
4:娱乐房
5:卧室
6:卫生间

左1:唯美的烛台、餐具和错落的装饰镜饶有情趣
右1:浅色石材与墙和地面相得益彰
右2:精致的卫生间

配饰设计:那格九号 朱岚

Bi You Garden

碧幽园

面积:328m²   主要材料:雅士白、实木地板、白橡饰木、乳胶漆、纱帘、地毯   工程造价:80万元   坐落地点:溧阳

本案关注的是空间带给人的舒适度是否能满足主人的需求。不管是在用色或用材上，还是各功能的布局安排都力求合理，创造一个舒适温馨的生活空间。

左1:开辟出的一角工作台
右1:毛皮材质和色彩艳丽的装饰画带来温暖

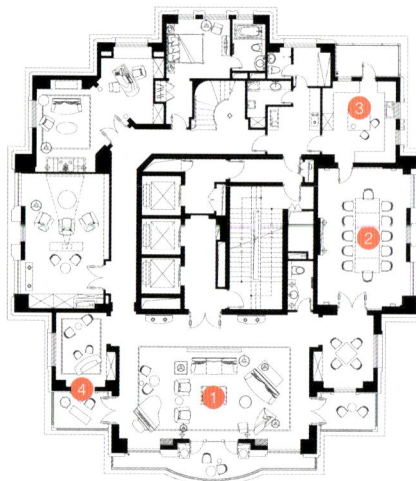

1:客厅
2:餐厅
3:厨房
4:书房
5:卧室
6:客卧
7:卫生间

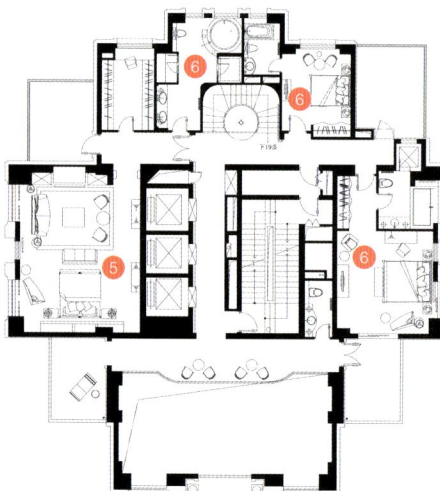

左1:清雅的餐桌
右1:红白对比鲜明的厨房
右2:浴室设计具有几分太空感
右3:温暖的卧房

设计单位:上海黑泡泡建筑装饰设计工程有限公司　设计:孙天文

Evian

依云

面积:320m²　主要材料:墙纸、大理石、玻璃、地砖、复合地板　工程造价:76万元　坐落地点:南京

本案是一套现代的样板别墅,空间面积为320m²,分4个楼层。特点是简约、现代、温馨。局部采用树形原木的元素,是依云溪谷树形标志的延伸,配以丝制柔和的面料及素雅的花艺,一下拉近了观者的距离。色调上以白色与深啡为基础,配合银色个性饰品,营造一个简约、时尚的氛围。客厅局部采用了原木树枝,沙发背景墙后的枯藤墙面,使观者能平和地呼吸大自然的气息,很快融入其中,感受温馨家庭的氛围。

左1:丝质柔和的面料感受温馨
右1:沙发后的枯藤墙面仿佛能呼吸大自然的气息

1:客厅
2:餐厅
3:厨房
4:书房
5:卧室
6:卫生间

左1:白色和深咖配以银白色饰品,简约时尚

右1:落地窗使卧房更显明亮宽敞

右2:富有童趣的儿童房

右3:卫生间一角

设计单位:上海黑泡泡建筑装饰设计工程有限公司　设计:刘金石、曹鑫第

Style Gonnguan

派公馆

面积:90m²　主要材料:墙纸、复合地板、玻璃、地砖　工程造价:18万元　坐落地点:常熟

在这个洒满阳光的房间里,有温暖的沙发可以深陷,有清香的水仙可以欣赏,有床榻边的美酒可以品味……微小而惬意的生活在随处蔓延。

左1:精致的餐桌
右1:陷入温暖的感觉

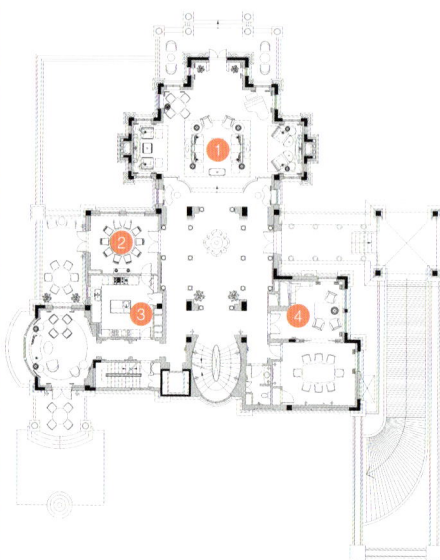

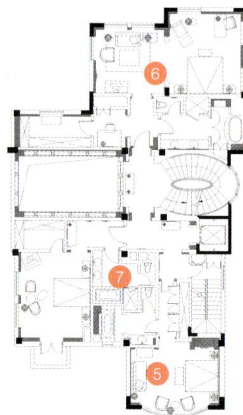

1:客厅
2:餐厅
3:厨房
4:书房
5:卧室
6:客卧
7:卫生间

左1:整洁的厨房
左2:就餐时还可呼吸到水仙的芬芳
右1:床榻上的美酒在等待主人的归来
右2:几支小花已足够

设计:吴滨

Green Jade Lake

翡翠湖岸

面积:190m²　主要材料:墙纸、乳胶漆、软包、马赛克、玻璃　工程造价:40万元　坐落地点:上海

镜面在天花和主墙上的运用，配以皮质软包，高贵而纯洁。丝绒的餐椅，华丽的金色灯光，饕餮盛宴即将开始，高雅的气息蔓延在空间的每一个角落。　进口贝壳壁纸的装饰，镀银花纹的电视柜，典雅而精致，演绎不凡的出众，享受对自我的宠爱。宫廷式白色休闲椅，不锈钢圆几的精心摆放，ART DECO的气息在现代设计中演绎着浪漫情调。

主卧玲珑于上流社会的万种风情。顶间的花纹木作，床头的白色皮质软包呈现低调的时尚精致。主卫选用独立式浴缸，墙面由极具视觉冲击力的马赛克拼花图案构成，古典奢华的气质一展无遗。

静靠在视听室宽大的沙发上，沉浸在令人回味的旋律中，那挥之不去的情节唤起你最深的回忆。

左1:楼梯一角
右1:华丽的金色调彰显尊贵

1:客厅
2:餐厅
3:厨房
4:书房
5:卧室
6:客卧
7:卫生间

左1:丝绒的餐椅迎接一场饕餮盛宴

右1:万种风情的主卧呈现低调的万种风情

右2:黑白色调的浴室

设计单位:嘉兴越界空间设计机构　设计:应益能

Modern Luxury

现代奢华

面积:84m²　主要材料:拉丝不锈钢、橡木实木地板、钢化玻璃、米色仿古砖、仿古砖、黑色烤漆玻璃、黑白纹大理石　工程造价:17万元　坐落地点:嘉兴

与其将本案定义为单纯的住宅,不如将它视为艺术生活的探险更为贴切。卧房与餐厅用玻璃间隔使得原本昏暗的卧房有了生机,搭配黑色流苏使它兼顾了私密性同时又多了份神秘。餐厅的皮纹墙纸与明镜主体墙让低调融入到现代中,而黑色水晶灯图案更是将产品融入到元素中去,也体现了对意大利设计的钟情。由于餐厅较小,设计师将厨房设计成一个可开合的玻璃盒,人多时释放出更多空间用于就餐,反之则可以避免油烟对空间的困扰。起居室运用大量黑镜与皮纹材质配以黑底暗花的家具,彰显出都市新贵的独有特质。主人房的设计也独具匠心,设计师巧妙运用墙体面积,设计成开合推拉兼具收纳功能的衣柜,又节省了开门90度扇形角域占去的面积,由于主人房朝南白天纳光充裕,故设计师希望夜晚卧房能呈现出另一种特质,黑底涡纹的墙布,黑镜隐隐的折射,与设计师亲自设计的床品面料交相辉映。

左1:设计前卫的台灯
右1:红色水晶灯与古典沙发在深棕色马毛皮墙面的衬托下愈发光彩夺目

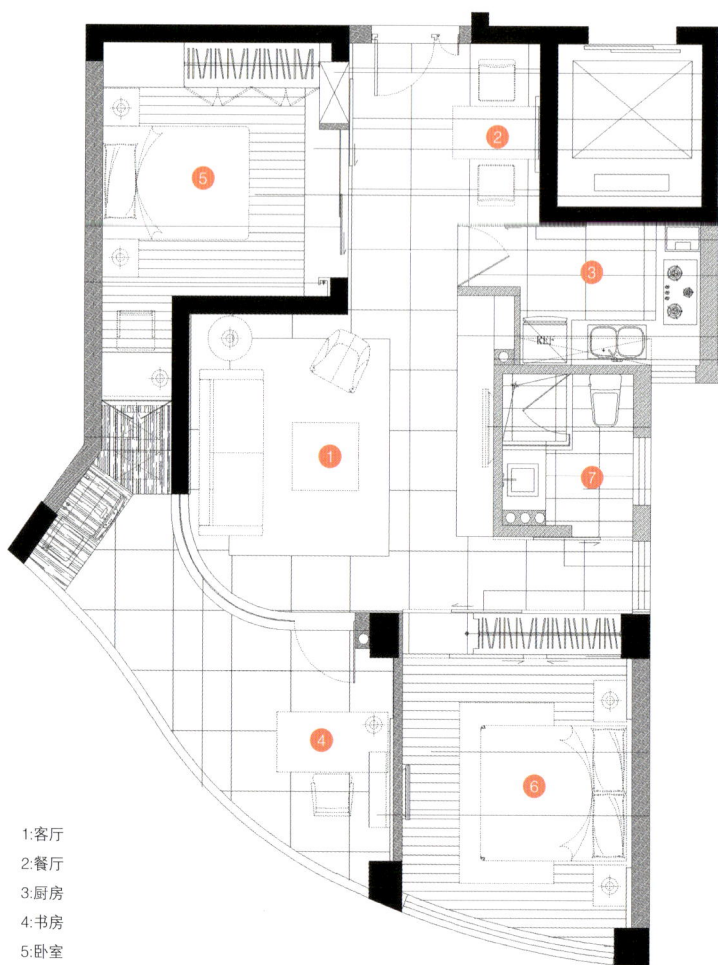

1:客厅
2:餐厅
3:厨房
4:书房
5:卧室
6:客卧
7:卫生间

左1:鲜红色烛台具有戏剧张力
右1:黑底涡纹的墙布,隐隐折射的黑镜,让卧房表现出另一种特质
右2:黑色流苏使私密的卧房更多了份神秘
右3:卫生间一角

设计单位:南京龙瑞设计　设计:王一江

Low Profile

低调的恬淡

面积:260m²　主要材料:墙纸、石材、仿古地板　工程造价:50万元　坐落地点:南京

"大音希声，大象无形"，悠游典藏，静安朴化，正所谓"随风潜入夜，润物细无声"。

左1:宽敞的走廊
右1:大气稳重的客厅

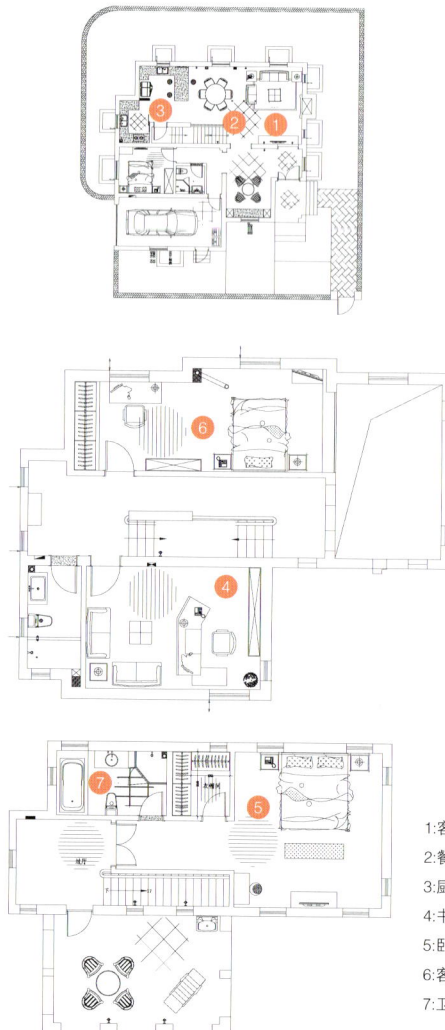

1:客厅
2:餐厅
3:厨房
4:书房
5:卧室
6:客卧
7:卫生间

左1:开敞式厨房和餐厅连为一体
右1:深色橱柜和浅色墙面搭配协调
右2:暖色光营造温暖的洗手间
右3:明亮温暖的卧房

设计单位:于强室内设计师事务所   设计:于强

Bagpipe Island

风笛洲

面积:470m²   主要材料:黑铁木饰面、银灰木纹石、马赛克、墙纸   工程造价:100万元   坐落地点:绍兴

设计风格基于对现代简约的奢华风格的思考,诉求营造一种简约的华贵气质,同时具有艺术文化品位的空间。空间布置上,南北通透。一层大厅空间宽阔,彰显贵气。室外充足的休闲空间与良好的采光条件更是本户型一大亮点,设计时着重考虑了室内外空间的和谐与统一。空间分布上每层均富有特色,负一层为娱乐休闲空间,兼顾着影视、棋牌与水吧的功能,室外采光井更提供一种亲近自然的怡人氛围。一层则为家庭成员活动区,最大特色是大厅与周边环境形成的一个宽阔的开放式家庭活动中心,包含了厨房、餐厅、客厅、侧厅、庭院、家庭厅、多功能房等,显示出一种大尺度上的奢华。三层豪华的主人套房则成了另一亮点,主卧、独立卫生间、衣帽间、休息厅、开放式书房连同三个不同功用的生活阳台,形成了一个功能完整的主人房,体现一种空间上的尊贵。

左1:精心设计的饰物雍容华贵
右1:有着优雅花纹的精良石材贯穿楼层

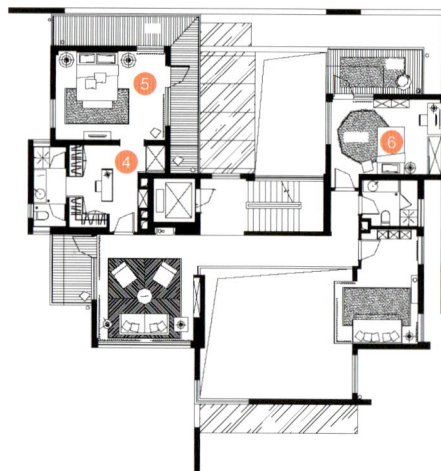

1:客厅
2:餐厅
3:厨房
4:书房
5:卧室
6:客卧
7:卫生间

图书在版编目 (CIP) 数据

家居室内设计 / 陈明编 . — 沈阳 : 辽宁科学技术出
版社 , 2017.6
ISBN 978-7-5591-0199-0

Ⅰ . ①家… Ⅱ . ①陈… Ⅲ . ①住宅 – 室内装饰设计
Ⅳ . ① TU241

中国版本图书馆 CIP 数据核字 (2017) 第 073265 号

出版发行：辽宁科学技术出版社
　　　　　（地址：沈阳市和平区十一纬路 25 号　邮编：110003）
印 刷 者：辽宁新华印务有限公司
经 销 者：各地新华书店
幅面尺寸：230mm×300mm
印　　张：60
插　　页：4
字　　数：110 千字
出版时间：2017 年 6 月第 1 版
印刷时间：2017 年 6 月第 1 次印刷
责任编辑：杜丙旭　张　珩
封面设计：李　莹
版式设计：李　莹
责任校对：周　文

书　　号：ISBN 978-7-5591-0199-0
定　　价：398.00 元

编辑电话：024-23280367
邮购热线：024-23284502
E-mail: 1207014086@qq.com
http://www.lnkj.com.cn